A FIELD GUIDE
TO
THE BIRDS
OF
SUZHOU

苏州
野外观鸟手册

冯育青 周敏军 | 编著
范如宇 周婷婷 |

中国林业出版社
·北京·

图书在版编目（CIP）数据

苏州野外观鸟手册 / 冯育青等编. —北京：北京：中国林业出版社，2020.11
ISBN 978-7-5219-0897-8

Ⅰ. ①苏… Ⅱ. ①冯… Ⅲ. ①鸟类－苏州－手册 Ⅳ. ①Q959.708-62

中国版本图书馆CIP数据核字（2020）第214347号

中国林业出版社·自然保护分社（国家公园分社）

策划编辑：刘家玲
责任编辑：刘家玲　葛宝庆

出　　版	中国林业出版社	
	（100009　北京市西城区德内大街刘海胡同7号）	
网　　址	http://www.forestry.gov.cn/lycb.html	
电　　话	（010）83143519　83143612	
制　　版	北京美光设计制版有限公司	
印　　刷	北京中科印刷有限公司	
版　　次	2021年1月第1版	
印　　次	2021年1月第1次印刷	
开　　本	710mm×1000mm　1/32	
印　　张	14.25	
字　　数	150千字	
定　　价	78.00元	

天堂之爱

鸟儿是人类的朋友，全世界有 10000 多种，中国有 1400 多种。人们都知道鸟儿有跨海越洋长途迁徙的习性，其实这并不是鸟儿的特殊偏好，而是生活所迫，它们有时要连续飞行数千公里，体重都会减掉一半，目的只有一个，生存！它们奔向的目的地大多数是称为湿地的水乡泽国。

上有天堂，下有苏杭，是人们对这片富庶之地千百年来的爱意表达。在鸟儿看来，这里也是它们的天堂。

白居易曾做过苏州刺史。他有一首关于苏州水和鸟的诗，至今让人们常诵不忘。"黄鹂巷口莺欲语，乌鹊河头冰欲销，绿浪东西南北水，红栏三百九十桥。鸳鸯荡漾双双翅，杨柳交加万万条。借问春风来早晚，只从前日到今朝。"看看大诗人笔下的苏州春意场景，正是千千万万鸟儿飞奔而去的目的地！

然而，人类的生存发展和鸟儿安家有时也伴有冲突。苏州是全国经济发展最快的地区之一，GDP 已超过两万亿元，但苏州人在发展中没有毁坏那些鸟儿赖以生存的湿地，他们退耕还湿、退厂还湿、治污保湿、引水扩湿。党委政府、主管部门、学术团体、非政府组织相互配合，形成了保护湿地的巨大合力。目前，这里有太湖湖滨、昆山天福、吴江同里等 6 家国家湿地公园。自然湿地达到了全市国土面积的 1/3，陆地与湿地比在全国位居第一。

为了评估苏州湿地的保护状况，苏州湿地保护管理部门在全市设置了 100 多个鸟类观测区，专业的调查队员和志愿者共同寻访这里的永久居民和季节性的来客。"安身之处是吾乡"，苏州湿地是鸟儿的家乡，向往的天堂。

为方便观鸟爱好者对鸟儿的观察，服务于正在兴起的自然教育，冯育青团队组织编写了这本图文并茂的《苏州野外观鸟手册》，这是他们多年来爱心于自然的结晶，也是在向全社会传递苏州的天堂之爱！

尹树仝

中国林学会
全国自然教育总校
2020 年 12 月

　　苏州素有"水乡泽国"之称，有 300 多个湖泊，2 万多条河流，湿地资源十分丰富，自然湿地占国土面积的 1/3，内陆湿地面积占比全国第一。湿地为鸟类提供了非常重要的栖息环境，被誉为"鸟类的家园"。湿地野生鸟类多样性是国际公认的评估湿地生态状况的重要指标之一，《湿地公约》的全称是《关于特别是作为水禽栖息地的国际重要湿地公约》，因此，湿地好不好，鸟儿说了算。苏州市湿地保护管理站自 2010 年开始对苏州地区湿地进行系统的鸟类监测，逐步在全市布局 100 个监测区，每年开展高频度调查，并将鸟类多样性指标纳入湿地考评体系，发布《苏州市湿地保护年报》，旨在为苏州湿地健康状况评价和保护修复提供科学依据，为政府和部门提供湿地管理参考。

　　全市 100 个鸟类监测区覆盖了天福、同里、湖滨等湿地公园，昆承湖、漕湖等湿地保护小区，漫山岛、贡山岛、长江沿江滩涂等重要湿地，还包括穹窿山、石湖景区等森林和城市公园，累计观测记录鸟类 20 目 65 科 374 种（书后附录了《苏州市鸟类名录》）。10 年间，通过扩大调查范围，增加调查频度，鸟类种数倍增，也展现了苏州湿地保护的成效。本书描述了 374 种鸟的形态特征、生境习性、在苏州分布和居留时间，对苏州地区鸟类进行了阶段性总结。希望这本手册能帮助更多的观鸟爱好者了解苏州鸟类，参与鸟类监测和湿地保护工作。

　　限于水平，书中难免有错误和纰漏之处，敬请读者批评指正。

冯育青

2020 年 11 月

本书使用说明

本书分类系统采用中国观鸟年报《中国鸟类名录 7.0 版》，部分资料来自民间鸟语者——中国观鸟记录中心、中国观鸟记录中心和民间观鸟爱好者，共收录鸟类 20 目 65 科 374 种。

中文、拉丁文科名

中文名、拉丁名，包括生僻字注音

小天鹅 Cygnus columbianus

①

辨识特征、雌雄成幼等

该鸟种体型大小，外形特征，雌雄、成幼、繁殖羽和非繁殖羽的外形区分

幼鸟

黄色不同于

英文名 / Tundra Swan 保护级别 / 国 II

②

中文别名、英文名、保护级别

形态特征 大型游禽，体长约 140cm。雌雄同型，成鸟通体洁白，嘴先端黑色，嘴基部黄色面积不到鼻孔中央位置，脚黑色。幼鸟羽色较灰褐，嘴呈暗粉色。部分个体头颈部略沾铁锈色。

该鸟种的栖息环境、生活习性、叫声、特殊行为

生境习性 栖息于多水生植物的开阔水域。喜集群或家族群活动；常"倒栽葱式"扎入水下取食水底的苦草等食物。

苏州分布 近年记录于吴中区太湖湖滨湿地公园、太湖取水口；吴江区太湖苏州湾；常熟铁黄沙；张家港长江西水道等地。观测种群最多达 159 只（2017 年 12 月）。

居留时间 越冬期为 11 月至翌年 2 月，偶见于 3 月。

该鸟种在苏州的常见程度，少见鸟类近年在各地区的分布记录及重要的记录

页码

注释
①如无特殊说明，主图代表该鸟种的成鸟、雄性或繁殖形态
②小图主要代表该鸟种的雌性、幼鸟、飞行形态或辨识特征

该鸟种在苏州的居留时间，根据居留类型分为全年可见、越冬期、繁殖期、迁徙期等

枕
冠
额
眼
眼先
嘴（喙）
喉
颈
胸
腹
背
肋
翼（翅）
跗蹠
趾
腰
尾

肩羽
次级小覆羽
次级中覆羽
次级大覆羽
小翼羽
初级中覆羽
初级大覆羽

三级飞羽
翼镜
尾羽
次级飞羽
初级飞羽

名词解释

成鸟：性成熟，具备繁殖能力的鸟。

幼鸟：出生后至首次换羽期间的鸟。

繁殖羽：成鸟在繁殖期的羽色，又称"夏羽"。

非繁殖羽：成鸟在非繁殖期的羽色，又称"冬羽"。

蚀羽：雄性雁鸭类中，繁殖期过后，换去繁殖期的羽毛，短暂存在繁殖羽和非繁殖羽间的过渡羽色。

保护级别

国 I：国家一级重点保护野生动物。

国 II：国家二级重点保护野生动物。

CR：极危。　　　EN：濒危。

VU：易危。　　　NT：近危。

LC：无危。　　　NR：未认可。

（根据《世界自然保护联盟濒危物种红色名录》《国家重点保护野生动物名录》）

目录

序言
前言
本书使用说明

雁形目 ANSERIFORMES

鸡形目 GALLIFORMES

潜鸟目 GAVIIFORMES

䴙䴘目 PODICIPEDIFORMES

鲣鸟目 SULIFORMES

鹈形目 PELECANIFORMES

鹳形目 CICONIIFORMES

鹰形目 ACCIPITRIFORMES

隼形目 FALCONIFORMES

鹤形目 GRUIFORMES

鸻形目 CHARADRIIFORMES

鸽形目 COLUMBIFORMES

鹃形目 CUCULIFORMES

鸮形目 STRIGIFORMES

夜鹰目 CAPRIMULGIFORMES

雨燕目 APODIFORMES

佛法僧目 CORACIIFORMES

雁形目
ANSERIFORMES

小天鹅 *Cygnus columbianus*

幼鸟

黄色不到鼻孔

英文名 / Tundra Swan　保护级别 / 国 II

形态特征	大型游禽，体长约 140cm。雌雄同型，成鸟通体洁白，嘴先端黑色，嘴基部黄色面积不到鼻孔中央位置，脚黑色。幼鸟羽色较灰褐，嘴呈暗粉色。部分个体头腹部略沾铁锈色。
生境习性	栖息于多水生植物的开阔水域。喜集群或家族群活动；常"倒栽葱式"扎入水下取食水底的苦草等食物。
苏州分布	近年记录于吴中区太湖湖滨湿地公园、太湖取水口；吴江区太湖苏州湾；常熟铁黄沙；张家港长江西水道等地。观测种群最多达159 只（2017 年 12 月）。
居留时间	越冬期为 11 月至翌年 2 月，偶见于 3 月。

短嘴豆雁 *Anser serrirostris*

黄斑

别名 / 冻原豆雁　英文名 / Tundra Bean Goose

形态特征	大型游禽，体长约 80cm。雌雄同型，嘴黑色，具橘黄色次端斑，脚橘黄色，头、颈暗褐色，背、翼灰褐色，具淡色羽缘。原与豆雁为同一种，现为独立种。
生境习性	栖息于多开阔水域和农耕地。喜集群活动。
苏州分布	近年记录于常熟铁黄沙、昆承湖；张家港长江西水道；吴中区东太湖湿地公园；吴江区同里湿地公园、太湖绿洲湿地公园；昆山天福湿地公园、淀山湖等地。
居留时间	越冬期为 11 月至翌年 2 月。

颈长，额平缓

别名 / 寒林豆雁、长嘴豆雁　英文名 / Taiga Bean Goose

形态特征	大型游禽，体长约 80cm。雌雄同型，嘴黑色，具橘黄色次端斑，脚橘黄色，头、颈暗褐色，背、翼灰褐色，具淡色羽缘。与短嘴豆雁相比，嘴和颈更长，前额更平。
生境习性	栖息于多开阔水域、农耕地。
苏州分布	罕见，在吴中区东太湖湿地公园与短嘴豆雁有混群记录。
居留时间	偶见于 11 月。

豆雁 *Anser fabalis*

鸿雁 *Anser cygnoides*

英文名 / Swan Goose　保护级别 / VU

形态特征	大型游禽，体长约 90cm。雌雄同型，嘴黑色，脚黄色，前额至颈后黑色，飞行时呈一直线，上体灰褐色但羽缘皮黄色。前额平，嘴基呈瘤状的个体多为人工驯化。
生境习性	栖息于开阔水域、农耕地。喜集群，与其他雁类混群。
苏州分布	罕见，近年张家港长江西水道、常熟昆承湖、吴江太湖绿洲湿地公园等地有零星记录。
居留时间	迁徙期 10~11 月，偶见于 2 月和 12 月。

白额雁 *Anser albifrons*

横斑

幼鸟不显著

英文名 / Greater White-fronted Goose 保护级别 / 国 II

形态特征	大型游禽，体长约 80cm。雌雄同型，嘴粉红色，额基部有白色环斑，幼鸟不显著。胸腹浅灰色，有黑色横斑。
生境习性	栖息于多水生植物的开阔水域和农田。喜结群，也与其他雁类混群。
苏州分布	近年有零星个体或小群迁徙记录于常熟铁黄沙；张家港长江西水道；吴江区太湖绿洲湿地公园、同里湿地公园；昆山天福湿地公园等地。
居留时间	迁徙期 10~11 月。

小白额雁 *Anser erythropus*

金色眼圈

腹部横斑

英文名 / Lesser White-fronted Goose　保护级别 / VU

鸭科 Anatidae

形态特征	大型游禽，体长约 60cm。雌雄同型，嘴粉红色，似白额雁。眼圈金黄色，胸腹浅灰色、有黑色横斑。幼鸟金色眼圈和黑色横斑不显著。
生境习性	栖息于多水生植物的开阔水域和农田。
苏州分布	罕见，近年记录于张家港长江西水道等地。
居留时间	迁徙期 10~11 月。

灰雁 *Anser anser*

嘴粉红

英文名 / Greylag Goose

形态特征	大型游禽，体长约 80cm。雌雄同型，嘴和脚粉红色，具粉红色眼圈。胸腹浅灰色，有黑色横斑，幼鸟不显著。飞行时，翼前缘灰白色。
生境习性	栖息于多水生植物的开阔水域和农田。
苏州分布	近年有零星个体迁徙记录于常熟铁黄沙；吴江区太湖绿洲湿地公园、太湖苏州湾等地。
居留时间	迁徙期 10~12 月，偶见于 1 月。

斑头雁 *Anser indicus*

两道黑色条纹

英文名 / Bar-headed Goose

形态特征	大型游禽，体长约 70cm。雌雄同型，头白色，枕部有两道显著的黑色条纹，幼鸟为浅灰色。
生境习性	栖息于多水生植物的开阔水域，尤喜咸水湖。
苏州分布	近年记录于吴中区太湖湖滨湿地公园（2018 年 1 月）。
居留时间	偶见于冬季。

赤麻鸭 *Tadorna ferruginea*

腹部橙黄色

英文名 / Ruddy Shelduck

形态特征	大型游禽，体长约 65cm。雌雄相似，成鸟通体橙栗色，飞行时翼镜绿色，飞羽和尾羽黑色。雄性繁殖羽有黑色领圈，雌性脸较白。
生境习性	栖息于开阔水域、河流。喜小群或单独活动。
苏州分布	近年记录于常熟南湖湿地公园、沙家浜湿地公园；昆山天福湿地公园等地。
居留时间	越冬期 11 月至翌年 2 月，偶见于 4 月。

翘鼻麻鸭 *Tadorna tadorna*

肉质瘤状凸起

栗色胸带

英文名 / Common Shelduck

形态特征	大型游禽，体长约 60cm。嘴红色，略上翘。雄性嘴基有肉质瘤状凸起，羽色鲜艳醒目，胸前有栗色横带。幼鸟羽色斑驳。
生境习性	栖息于开阔水域，喜咸水。喜小群或单独活动；杂食性。
苏州分布	近年记录于张家港长江西水道；常熟昆承湖；昆山天福湿地公园；吴江区太湖绿洲湿地公园、同里湿地公园、太湖苏州湾；吴中区太湖湖滨湿地公园；工业园区阳澄湖等地。
居留时间	越冬期 12 月至翌年 2 月。

棉凫 (fú) *Nettapus coromandelianus*

雌

英文名 / Cotton Pygmy Goose

形态特征	小型游禽，体长约 35cm。雌雄异型，雄性体羽白色，额至头顶黑色，覆羽和环颈为金属绿色；雌鸟体羽偏灰色，有明显贯眼纹。
生境习性	栖息于多水生植物的池塘、湖泊。喜成对或单独活动。
苏州分布	近年记录于吴中区临湖东太湖；吴江区同里湿地公园、太湖苏州湾；高新区太湖金墅湾等地。
居留时间	迁徙期 4~6 月，偶见于 10 月。

鸳鸯 (yuān yāng) *Aix galericulata*

帆状饰羽

雄性蚀羽

英文名 / Mandarin Duck　保护级别 / 国 II

形态特征	小型游禽，体长约 40cm。雄性色彩丰富，头部冠羽深色，白色眉纹醒目，橙黄色的三级飞羽竖立呈"帆状饰羽"，7~9 月蚀羽似雌鸟，但嘴为红色；雌性羽色暗淡，白色眼圈及眼后线较显著。
生境习性	栖息于开阔水域、河道、水库。喜集群。
苏州分布	常见，多分布于各湿地公园、宕口、湖泊的岛屿沿岸。
居留时间	越冬期 10 月至翌年 3 月，偶见于 7 月、8 月、9 月。

斑嘴鸭 *Anas zonorhyncha*

英文名 / Chinese Spot-billed Duck

形态特征	中型游禽，体长约 60cm。雌雄相似，嘴黑色，先端黄色。体羽棕褐色，棕白色眉纹和褐色贯眼纹，翼镜蓝色。雄性尾上下覆羽纯黑。
生境习性	栖息于开阔水域、河道、宕口、池塘、农田。喜集群；叫声为响亮的"嘎嘎嘎"。
苏州分布	常见，多分布于各大湖泊、沿江湿地、湿地公园。也有部分个体在常熟沙家浜湿地公园等地繁殖。
居留时间	全年可见，越冬期 10 月至翌年 4 月。

绿头鸭 *Anas platyrhynchos*

头部绿色

雌

英文名 / Mallard

形态特征	中型游禽，体长约 60cm。雌雄异型，翼镜蓝色。雄性嘴鲜黄色，头部绿色，有白色颈环；雌性嘴黄褐色带黑色，体羽褐色。
生境习性	栖息于开阔水域、河道、水库、池塘。喜集群。
苏州分布	常见，多分布于各大湖泊、沿江湿地、湿地公园。也有部分个体在常熟南湖湿地公园、吴中区太湖湖滨湿地公园等地繁殖。
居留时间	全年可见，越冬期 10 月至翌年 4 月。

罗纹鸭 *Mareca falcata*

三级飞羽长

雌

英文名 / Falcated Duck　保护级别 / NT

形态特征	中型游禽，体长约50cm。雌雄异型，嘴黑色，翼镜暗绿色。雄性头顶栗色，脸绿色，胸前为鳞状斑纹，三级飞羽长；雌性体羽以褐色为主。
生境习性	栖息于开阔水域、池塘。喜集群。
苏州分布	苏州数量最多的雁鸭，多分布于各大湖泊、湿地公园。近年在吴江区太湖绿洲湿地公园和同里湿地公园、常熟昆承湖、相城区盛泽荡、昆山傀儡湖、吴中区太湖湖滨湿地公园、工业园区阳澄湖记录到1000~6000只的大群。
居留时间	越冬期10月至翌年3月，偶见于4月。

赤膀鸭 *Mareca strepera*

雄性嘴黑色

翼镜白色
覆羽栗色

英文名 / Gadwall

形态特征	中型游禽，体长约 50cm。雌雄异型，飞行时翼镜为白色，覆羽栗色。雄性嘴黑色，体羽灰褐色为主，尾黑色；雌性嘴橘黄色，体羽以褐色为主。
生境习性	栖息于开阔水域、河道。喜集群。
苏州分布	常见，多分布于各大湖泊、湿地公园。
居留时间	越冬期 10 月至翌年 3 月。

赤颈鸭 *Mareca penelope*

乳黄色

英文名 / Eurasian Wigeon

形态特征	中型游禽，体长约 47cm。雌雄异型，嘴蓝灰色，嘴端黑色。雄性头部栗红色，额至颈后乳黄色，飞行时可见绿色翼镜和白色覆羽；雌性头红褐色。
生境习性	栖息于开阔水域、河道。喜集群。
苏州分布	常见，多分布于各大湖泊、湿地公园。
居留时间	越冬期 10 月至翌年 3 月。

琵嘴鸭 *Spatula clypeata*

覆羽蓝灰色

嘴呈扁铲状

形态特征	中型游禽，体长约 50cm。雌雄异型，嘴呈扁铲状，翼上覆羽浅蓝灰色，翼镜绿色。雄性嘴黑色，头部墨绿色，胸白色，腹部棕红色；雌性嘴棕褐色，体羽褐色。
生境习性	栖息于开阔水域、池塘。喜集小群，利用铲状嘴左右扫动，滤食浮游生物、昆虫、软体动物等。
苏州分布	不常见，零星分布于各大湖泊、湖荡。
居留时间	越冬期 10 月至翌年 4 月。

针尾鸭 *Anas acuta*

尾长而尖

雌

英文名 / Northern Pintail

形态特征	中型游禽，体长约 60cm。雌雄异型，颈细长，姿态优雅。雄性尾长而尖，头为巧克力色，有显著的白色颈线向下延伸，下体白色。雌性体羽淡黄褐色。
生境习性	栖息于开阔水域、河道、池塘。喜集群。
苏州分布	不常见，多分布于各大湖泊、沿江湿地。
居留时间	越冬期 10 月至翌年 3 月。

绿翅鸭 *Anas crecca*

绿色宽眼罩

翼镜绿色

雌

英文名 / Eurasian Teal

形态特征	中型游禽，体长约 40cm。雌雄异型，翼镜绿色。雄性嘴黑色，头部栗色，有绿色宽"眼罩"，尾下皮黄色；雌性嘴黄褐色带黑色，体羽褐色。
生境习性	栖息于开阔水域、河道、池塘、宕口。喜集群；善隐蔽。
苏州分布	常见，多分布于各大湖泊、沿江湿地、湿地公园，甚至乡间河道。
居留时间	9 月至翌年 4 月。

白眉鸭 *Spatula querquedula*

白色眉纹

白色覆羽

英文名 / Garganey

形态特征	小型游禽，体长约 40cm。雌雄异型，翼镜蓝色。雄性头咖啡色，白色眉纹显著，蚀羽似雌性，飞行时可见明显的白色覆羽；雌性体羽褐色，眉纹淡色，嘴基有淡色斑，嘴黑色。
生境习性	栖息于开阔水域、河道、池塘。喜集群。
苏州分布	不常见，多分布于各大湖泊、沿江湿地、湿地公园。
居留时间	迁徙期 3~5 月和 8~11 月，偶见于 1 月。

花脸鸭 *Sibirionetta formosa*

月牙形斑纹

雌

英文名 / Baikal Teal

形态特征	小型游禽，体长约 60cm。雌雄异型，翼镜蓝色。雄性头部由黄、绿色"月牙形"斑块组成，肩羽长而下垂，尾下黑色；雌性体羽褐色，嘴基具明显白斑。
生境习性	栖息于开阔水域、河道、宕口、池塘。喜与绿翅鸭混群。
苏州分布	近年记录于吴江区太湖绿洲湿地公园、同里湿地公园；常熟铁黄沙、沙家浜湿地公园、昆承湖；昆山天福湿地公园；张家港长江西水道等地。
居留时间	越冬期 10 月至翌年 3 月。

红头潜鸭 *Aythya ferina*

雌

英文名 / Common Pochard　保护级别 / VU

形态特征	中型游禽，体长约 50cm。雌雄相似，嘴灰色尖端黑色。雄性头部鲜红色, 胸黑色, 背与胁部灰色；雌性体羽灰褐色。
生境习性	栖息于开阔水域、河道、池塘。喜集群；潜水捕食。
苏州分布	常见，多分布于各大湖泊、湿地公园。近年在吴江区太湖绿洲湿地公园、吴中区太湖湖滨湿地公园、工业园区阳澄湖、常熟尚湖等地记录到 1000~3000 只的大群。
居留时间	越冬期 10 月至翌年 3 月，2~3 月可见集群迁徙个体。

凤头潜鸭 *Aythya fuligula*

饰羽

雌

英文名 / Tufted Duck

形态特征	中型游禽，体长约 45cm。雌雄相似，下体和翼下白色，枕部有垂饰羽。雄性上体黑紫色，凤头较为明显；雌性体羽暗褐色，部分个体嘴基部有白斑。
生境习性	栖息于开阔水域、河道、池塘。喜集群；潜水捕食。
苏州分布	常见，多分布于各大湖泊、湿地公园、沿江湿地。
居留时间	越冬期 10 月至翌年 3 月，2~3 月可见集群迁徙个体。

斑背潜鸭 *Aythya marila*

背灰色

英文名 / Greater Scaup

形态特征	中型游禽，体长约 60cm。雌雄异型，外形似凤头潜鸭。雄性背灰白色，具细波纹斑，嘴铅灰色，尖端黑色较小。雌性嘴基有明显白斑，耳后为月牙形淡斑。
生境习性	栖息于开阔水域、沿海湿地。喜混群于凤头潜鸭；潜水捕食。
苏州分布	近年记录于常熟昆承湖、铁黄沙；张家港长江西水道；吴江区太湖绿洲湿地公园、同里湿地公园；相城区月季公园等地。
居留时间	越冬期 11 月至翌年 2 月。

白眼潜鸭 *Aythya nyroca*

头顶高耸

白色翼带

英文名 / Ferruginous Pochard　保护级别 / NT

形态特征	中型游禽，体长约 40cm。雌雄相似，以栗红色为主，腹部及尾下白色，飞行时白色翼带明显。雄性头顶高耸，虹膜白色；雌性虹膜褐色。
生境习性	栖息于开阔水域、河道。喜集小群；潜水捕食。
苏州分布	近年记录于吴江区太湖绿洲湿地公园；常熟南湖湿地公园、铁黄沙；张家港暨阳湖湿地公园；吴中区漫山岛等地。
居留时间	越冬期 10 月至翌年 3 月，偶见于 4 月。

青头潜鸭 *Aythya baeri*

栅状斑纹

雌

英文名 / Baer's Pochard　　保护级别 / CR

形态特征	中型游禽，体长约 45cm。雌雄相似，头青色，胁部有栅状斑纹，腹部和尾下白色，飞行时白色翼带明显。雄性虹膜白色，胸栗红色；雌性虹膜褐色，羽色较暗淡。
生境习性	栖息于开阔水域、池塘。喜与白眼潜鸭混群；潜水捕食。
苏州分布	近年记录于吴江区太湖绿洲湿地公园、太湖苏州湾、同里湿地公园；吴中区太湖湖滨湿地公园；昆山阳澄东湖湿地公园；工业园区阳澄湖；相城区阳澄湖湿地公园、月季公园等地。
居留时间	越冬期 10 月至翌年 3 月。

赤嘴潜鸭 *Netta rufina*

英文名 / Red-crested Pochard

形态特征	中型游禽，体长约 55cm。雌雄异型，颜色鲜艳的潜鸭。雄性嘴鲜红色，头部橙色，胸和腹部黑色，胁部白色；雌性嘴褐色带黄色，体羽褐色，脸颊至颈部偏白。
生境习性	栖息于开阔水域。潜水捕食。
苏州分布	近年记录于吴江区太湖绿洲湿地公园、吴中区太湖取水口。
居留时间	越冬期 12 月至翌年 2 月。

斑脸海番鸭 *Melanitta stejnegeri*

雌性眼先和耳后有白斑

次级飞羽白色

英文名 / Stejneger's Scoter

形态特征	中型游禽，体长约 56cm。雌雄异型，嘴长而扁，次级飞羽白色。雄性成鸟全黑，眼下及眼后有白点。雌性褐色，眼先和耳后有白斑。
生境习性	栖息于开阔水域、沿海湿地。潜水捕食。
苏州分布	近年记录于吴中区澄湖（2017 年 1 月）。
居留时间	偶见于冬季。

鹊鸭 *Bucephala clangula*

嘴基白斑

形态特征	小型游禽，体长约45cm。雌雄异型，额高耸，虹膜黄色。雄性头绿色，嘴基有白斑；雌性头褐色。
生境习性	栖息于开阔水域、河道。喜集群；潜水捕食。
苏州分布	近年记录于吴江区太湖绿洲湿地公园、同里湿地公园、元荡等地。
居留时间	越冬期12月至翌年2月。

白秋沙鸭 *Mergellus albellus*

雌

英文名 / Smew

形态特征	中型游禽，体长约 40cm。雌雄异型。雄性以白色为主，眼罩、枕纹、上背为黑色；雌性头枕部棕褐色，喉及颈白色。
生境习性	栖息于开阔水域。喜集群；潜水捕食。
苏州分布	近年分布于高新区太湖乌龟山；吴江区太湖绿洲湿地公园、同里湿地公园；常熟昆承湖、铁黄沙；昆山傀儡湖；工业园区阳澄湖；相城区月季公园等地。在太湖乌龟山曾记录到超过 1500 只大群（2016 年 12 月）。
居留时间	越冬期 12 月至翌年 2 月。

普通秋沙鸭 *Mergus merganser*

羽冠不明显

雌

英文名 / Common Merganser

形态特征	中型游禽，体长约 65cm。雌雄异型，嘴红尖端带钩。雄性头绿色，羽冠不明显；雌性头褐色，喉白色，胸和颈分界明显。
生境习性	栖息于开阔水域、水库、池塘。潜水捕食。
苏州分布	常见，多分布于各大湖泊、湿地公园、沿江湿地等。
居留时间	越冬期 12 月至翌年 3 月。

红胸秋沙鸭 *Mergus serrator*

嘴上翘

英文名 / Red-breasted Merganser

形态特征	中型游禽，体长约 55cm。雌雄异型，嘴细长，略上翘。雄性头绿色，羽冠长而飘逸，胸棕红色；雌性头褐色，头和颈分界不明显。
生境习性	栖息于开阔水域、沿海湿地。喜集群；潜水捕食。
苏州分布	近年记录于吴江区太湖绿洲湿地公园、常熟铁黄沙、张家港长江西水道、高新区太湖乌龟山。
居留时间	越冬期 11 月至翌年 2 月。

中华秋沙鸭 *Mergus squamatus*

雌性头褐色

鳞状斑纹

英文名 / Scaly-sided Merganser 保护级别 / 国 I，EN

形态特征	中型游禽，体长约 60cm。雌雄异型，胁部具鳞状斑纹。雄性头绿色，羽冠飘逸；雌性头褐色，头和颈分界不明显。
生境习性	栖息于河流、开阔水域、沿海湿地。潜水取食鱼类等。
苏州分布	近年记录于张家港长江西水道（2015 年 4 月）。
居留时间	偶见于春、秋季。

鸡形目
GALLIFORMES

鹌鹑 (ān chún) *Coturnix japonica*

白色眉纹

英文名 / Japanese Quail　保护级别 / NT

形态特征	小型陆禽，体长约 20cm。雌雄相似，眉纹显著，上体有黑褐色横斑及皮黄色条纹，下体皮黄色，胸及两胁具黑色条纹。雄性繁殖期头颈红色。
生境习性	栖息于灌丛及农田。善隐蔽，受惊后突然飞出，落入不远处灌丛里。
苏州分布	近年记录于常熟铁黄沙；吴中区东太湖湿地公园、太湖湖滨湿地公园；张家港长江西水道；昆山天福湿地公园等地。
居留时间	越冬期 10 月至翌年 4 月。

灰胸竹鸡 *Bambusicola thoracicus*

胸棕红色

英文名 / Chinese Bamboo Partridge

形态特征	中型涉禽，体长约 33cm。雌雄同型，眉纹及颈蓝灰色，脸、喉及上胸为棕色。
生境习性	喜矮树丛、竹林灌丛。叫声似连续的"地主婆"。
苏州分布	近年记录于吴江区同里湿地公园。
居留时间	全年可见。

雉 (zhì) 鸡 *Phasianus colchicus*

雌

形态特征	大型陆禽，体长约 85cm。雌雄异型，雄性颜色艳丽，具鲜红色裸皮，尾长；雌性体小而颜色暗淡，周身密布浅褐色斑纹。
生境习性	栖息于农耕地、芦苇、灌丛、开阔林地。善隐蔽。
苏州分布	常见。
居留时间	全年可见。

潜鸟目
GAVIIFORMES

红喉潜鸟 *Gavia stellata*

非繁殖羽

英文名 / Red-throated Loon

形态特征	中型游禽，体长约 60cm。非繁殖羽的喉、颈及脸白色，上体灰黑色而具白色纵纹。
生境习性	栖息于沿海地区，偶见于内陆。喜单独活动。
苏州分布	近年记录于张家港长江西水道（2016 年 1 月）。
居留时间	偶见于冬季。

䴙䴘目
PODICIPEDIFORMES

小䴙䴘 (pì tī) *Tachybaptus ruficollis*

淡黄色斑

非繁殖羽

英文名 / Little Grebe

形态特征	小型游禽，体长约27cm。雌雄同型，繁殖羽头顶深褐色，喉及前颈深红色，嘴基有淡黄色斑。非繁殖羽上体灰褐色，下体白色。幼鸟羽色斑驳，多条纹状。
生境习性	栖息于开阔水域、河道、宕口、池塘。喜单独活动，冬季会集群。
苏州分布	常见。
居留时间	全年可见。

凤头鷿鷉 (pì tī) *Podiceps cristatus*

非繁殖羽

英文名 / Great Crested Grebe

形态特征	中型游禽，体长约 50cm。雌雄同型，繁殖期羽冠明显，颈修长，下体近白，上体纯灰褐色。非繁殖期羽色颜色暗淡。
生境习性	栖息于开阔水域、河道。潜水觅食。
苏州分布	常见，多分布于各大湖泊、湿地公园。也有部分个体在太湖、常熟铁黄沙等地繁殖。
居留时间	全年可见，越冬期 10 月至翌年 4 月。

角鹏鹧 (pì tī) *Podiceps auritus*

非繁殖羽脸较白净

英文名 / Horned Grebe　保护级别 / 国 II

形态特征	小型游禽，体长约 33cm。雌雄同型，非繁殖羽脸上和颈多白色，嘴平，上体黑色，下体白色。
生境习性	栖息于开阔水域、沿海湿地。
苏州分布	近年记录于相城区月季公园（2018 年 12 月）。
居留时间	偶见于冬季。

黑颈鹧鹈 (pì tī) *Podiceps nigricollis*

嘴略上扬

非繁殖羽颈较深

英文名 / Black-necked Grebe

形态特征	小型游禽，体长约30cm。雌雄同型，深色的顶冠延至眼下，颈较深，嘴略上扬。
生境习性	栖息于开阔水域、河道。喜潜水觅食。
苏州分布	近年记录于吴江区太湖绿洲湿地公园、同里湿地公园、震泽湿地公园、元荡；吴中区尹山湖；相城区月季公园；工业园区阳澄湖；常熟铁黄沙、尚湖等地。
居留时间	越冬期 11 月至翌年 3 月。

鲣鸟目

SULIFORMES

普通鸬鹚 (lú cí) *Phalacrocorax carbo*

非繁殖羽

英文名 / Great Cormorant

形态特征	大型游禽,体长约90cm。雌雄同型,体羽黑色带金属光泽,嘴尖端带钩,脸颊及喉白色。繁殖期颈及头白色,两胁具白色斑块。
生境习性	栖息于开阔水域、池塘。喜集群停栖在树枝、铁塔上;潜水捕食。
苏州分布	常见,多分布于各大湖泊、湿地公园。近年在吴江区太湖绿洲湿地公园记录到 4000~5000 只大群。
居留时间	越冬期 10 月至翌年 4 月,偶见于 5 月、7 月。

暗绿背鸬鹚 (lú cí) *Phalacrocorax capillatus*

嘴基较尖

英文名 / Japanese Cormorant

形态特征	大型游禽，体长约81cm。雌雄同型，体羽为偏绿色金属光泽，嘴基裸露的皮肤比普通鸬鹚更尖。
生境习性	栖息于沿海湿地，偶见于内陆。
苏州分布	近年记录于常熟铁黄沙（2019年12月）。
居留时间	偶见于冬季。

鹈形目

PELECANIFORMES

卷羽鹈鹕 (tí hú) *Pelecanus crispus*

喉囊橘黄色

幼鸟

英文名 / Dalmation Pelican　保护级别 / 国 II，NT

形态特征	大型游禽，体长约 175cm。雌雄同型，体羽灰白色，嘴宽大而长，喉囊橘黄色，羽冠卷曲。幼鸟体羽偏褐色。
生境习性	栖息于开阔水域、河口、沿海湿地。喜集群。
苏州分布	近年记录于常熟铁黄沙（51 只）；吴江区同里湿地公园（14 只）、太湖绿洲湿地公园（1 只）。
居留时间	迁徙期 12 月，偶见于 1 月。

白鹭 *Egretta garzetta*

繁殖羽

英文名 / Little Egret

形态特征	中型涉禽，体长约 60cm。雌雄同型，腿黑色，趾黄色。繁殖羽纯白色，具两条细长饰羽，背及胸具蓑状羽，眼先和趾殿红色。
生境习性	栖息于开阔水域、河道、池塘、稻田。繁殖期喜集群，筑巢于高大树林、芦竹上。
苏州分布	常见，在常熟沙家浜湿地公园记录的数量达 3000~5000 只。
居留时间	全年可见，繁殖期 4~8 月。

黄嘴白鹭 *Egretta eulophotes*

饰羽

英文名 / Chinese Egret　保护级别 / 国 II，VU

形态特征	中型涉禽，体长约 68cm。雌雄同型，外形似白鹭，嘴黄色，繁殖期眼先蓝色，头后有一撮饰羽。腿较粗，趾黄色。
生境习性	栖息于沿海地区，偶见于内陆。
苏州分布	近年记录于吴江区同里湿地公园（2020 年 5 月）。
居留时间	偶见于春、秋季。

苍鹭 *Ardea cinerea*

英文名 / Grey Heron

形态特征	大型涉禽，体长约 90cm。雌雄同型，体羽灰色，嘴黄色，有两根黑色饰羽。幼鸟偏灰色。
生境习性	栖息于开阔水域、河流、农田、池塘、树冠层。喜集群。
苏州分布	常见。
居留时间	越冬期 9 月至翌年 5 月，偶见于 7 月、8 月。

草鹭 *Ardea purpurea*

幼鸟

英文名 / Purple Heron

形态特征	大型涉禽，体长约 80cm。雌雄异型，颈长，色彩鲜艳，体羽多灰、黑、棕色。幼鸟羽色较浅。
生境习性	栖息于湖泊、河流、农耕地、池塘。繁殖于芦苇湿地。
苏州分布	近年记录于常熟铁黄沙、沙家浜湿地公园；张家港长江西水道；昆山天福湿地公园；吴江区同里湿地公园、太湖绿洲湿地公园；吴中区东太湖湿地公园、漫山岛；高新区贡山岛等地。
居留时间	繁殖期 4~10 月，偶见于 12 月。

大白鹭 *Ardea alba*

嘴裂过眼后

非繁殖羽

英文名 / Great Egret

形态特征	大型涉禽，体长约 95cm。雌雄同型，嘴裂过眼后，颈长而弯曲。繁殖羽眼先蓝绿色，嘴黑色；非繁殖羽嘴黄色。
生境习性	栖息于开阔水域、河流、农田、池塘。
苏州分布	常见。
居留时间	全年可见，繁殖期 4~8 月。

中白鹭 *Ardea intermedia*

嘴裂不过眼后

英文名 / Intermediate Egret

形态特征	中型涉禽，体长约 70cm。雌雄同型，嘴裂不超过眼后，繁殖羽眼先黄色，嘴黑色，部分个体虹膜红色；非繁殖羽嘴黄色，尖端黑色。
生境习性	栖息于开阔水域、河流、农田、池塘。
苏州分布	常见。
居留时间	繁殖期 4~10 月，偶见于 3 月、11 月。

牛背鹭 *Bubulcus coromandus*

橙黄色

非繁殖羽

英文名 / Eastern Cattle Egret

形态特征	中型涉禽，体长约 50cm。雌雄同型，繁殖羽的头至胸橙黄色，虹膜、嘴、腿及眼先短期呈亮红色。非繁殖羽以白色为主，仅部分个体额部沾橙。
生境习性	栖息于草地、农耕地、开阔水域、池塘。喜集群；取食昆虫、蛙等。
苏州分布	常见。
居留时间	繁殖期 4~10 月，偶见于 1 月、3 月、11 月。

池鹭 *Ardeola bacchus*

深栗色

非繁殖羽

英文名 / Chinese Pond Heron

鹭科 Ardeidae

形态特征	中型涉禽，体长约 50cm。雌雄同型，繁殖羽的头及颈深栗色，胸紫酱色，腿短时深红色。非繁殖羽头颈为褐色纵纹，背褐色，飞行时翅膀白色。
生境习性	栖息于开阔水域、河流、农田、池塘。喜集群。
苏州分布	常见。
居留时间	全年可见，繁殖期 4~9 月。

绿鹭 *Butorides striata*

鹭科 Ardeidae

羽缘黄色

幼鸟

英文名 / Striated Heron

形态特征	中型涉禽，体长约43cm。雌雄同型，黑色长冠羽蓬松，两翼及尾青蓝色，具绿色光泽，羽缘皮黄色。幼鸟颜色斑驳。
生境习性	栖息于开阔水域、河流、池塘、农田。喜站立水边或竹竿上伺机捕食。
苏州分布	近年记录于吴江区同里湿地公园；常熟铁黄沙、南湖湿地公园；张家港长江西水道；吴中区东太湖湿地公园；太仓金仓湖湿地公园；昆山天福湿地公园、夏驾河；高新区太湖湿地公园等地。
居留时间	繁殖期5~9月。

夜鹭 *Nycticorax nycticorax*

2-3 根饰羽

亚成鸟

英文名 / Black-crowned Night Heron

形态特征	中型涉禽，体长约 60cm。雌雄同型，成鸟顶冠和背黑色，颈背具 2~3 根白色饰羽，繁殖期短时眼先呈宝石蓝色，脚呈桃红色。幼鸟及亚成鸟羽色斑驳。
生境习性	栖息于开阔水域、河流、农耕地、池塘、芦苇荡。喜集群，筑巢于高大树木、芦竹、芦苇上；非繁殖期多黄昏活动。
苏州分布	常见。
居留时间	全年可见，繁殖期 4~9 月。

黄苇鳽 (yán) *Ixobrychus sinensis*

顶冠黑色

幼鸟

英文名 / Yellow Bittern

形态特征	中小型涉禽，体长约 32cm。雌雄同型，顶冠黑色，上体淡黄褐色，下体皮黄色，飞行时黑色飞羽显著。幼鸟羽色斑驳。
生境习性	栖息于芦苇、农田。喜单独或成对活动；有将嘴上举的拟态行为。
苏州分布	常见。
居留时间	繁殖期 4~10 月，偶见于 1 月。

栗苇鳽 (yán) *Ixobrychus cinnamomeus*

瞳孔长条形

雌

英文名 / Cinnamon Bittern

形态特征	中小型涉禽，体长约 40cm。雌雄异型，瞳孔长条形，栗色为主。雄性胸有黑色纵纹；雌性色暗淡，覆羽多白色羽缘。
生境习性	栖息于稻田、池塘、芦苇。性羞怯孤僻，白天栖于稻田或芦苇，夜晚较活跃。
苏州分布	不常见，分布于各大湖泊、湿地公园的芦苇和稻田中。
居留时间	繁殖期 4~9 月。

黑鳽 (yán) *Dupetor flavicollis*

黄色条纹

形态特征	中型涉禽，体长约 54cm。雌雄异型。雄性通体深青色，颈侧多为黄色条状。雌鸟体羽较浅，体背暗褐色。
生境习性	栖息于多水生植物的开阔水域。性羞怯，多单独或成对活动。
苏州分布	不常见，分布于多芦苇的湖泊、湿地公园。
居留时间	繁殖期 4~9 月。

大麻鳽 (yán) *Botaurus stellaris*

英文名 / Great Bittern

形态特征	中型涉禽，体长约 75cm。雌雄同型，以棕黄色为主，顶冠黑色，体羽多具黑色纵纹及杂斑。
生境习性	栖息于芦苇、干草地。性隐蔽；有将嘴上举的拟态行为。
苏州分布	近年记录于常熟铁黄沙、沙家浜湿地公园；张家港长江西水道；吴江区同里湿地公园、太湖绿洲湿地公园；吴中区东太湖湿地公园；昆山天福湿地公园、锦溪湿地公园等地。
居留时间	越冬期 10 月至翌年 4 月，偶见于 6 月、7 月。

紫背苇鳽 (yán) *Ixobrychus eurhythmus*

雌性上体具斑驳白点

英文名 / Von Schrenck's Bittern

形态特征	小型涉禽，体长约33cm。雌雄异型，瞳孔长条形。雄性头顶深褐色，上体紫栗色，覆羽灰黄色。雌性及幼鸟褐色较重，上体具斑驳的白点，下体具纵纹。
生境习性	栖息于芦苇、稻田、沼泽。性孤僻羞怯，多晨昏和夜间活动。
苏州分布	近年记录于昆山天福湿地公园（2015年5月）。
居留时间	偶见于春、秋季。

白琵(pí)鹭 *Platalea leucorodia*

嘴琵琶状

幼鸟

英文名 / Eurasian Spoonbill　保护级别 / 国 II

形态特征	大型涉禽，体长约 85cm。体羽白色，嘴黑色，尖端黄色，长呈琵琶形，眼先为黑色线。繁殖期羽冠和胸黄色。幼鸟嘴偏黄，翼尖黑色。
生境习性	栖息于开阔水域、河道沙洲、池塘。喜集小群，常与黑脸琵鹭混群；觅食时将嘴深入水中，左右横扫。
苏州分布	近年记录于常熟铁黄沙；张家港长江西水道；吴江区太湖绿洲湿地公园；吴中区太湖湖滨湿地公园；相城区月季公园、漕湖。
居留时间	越冬期 10 月至翌年 4 月。

黑脸琵(pí)鹭 *Platalea minor*

脸上黑色

幼鸟

英文名 / Black-faced Spoonbill　保护级别 / 国 II，EN

形态特征	大型涉禽，体长约 75cm。雌雄同型，嘴黑色而呈琵琶形，似白琵鹭，但脸部裸露皮肤黑色且包裹眼周。幼鸟翼尖黑色。
生境习性	栖息于开阔水域、河口。喜集小群，常与白琵鹭混群。
苏州分布	近年记录于吴江区太湖绿洲湿地公园；常熟铁黄沙；张家港长江西水道；高新区太湖湿地公园；昆山阳澄东湖湿地公园等地。
居留时间	越冬期 10 月至翌年 4 月。

鹳形目
CICONIIFORMES

黑鹳 (guàn) *Ciconia nigra*

幼鸟

英文名 / Black Stork　保护级别 / 国 I

形态特征	大型涉禽，体长约 100cm。雌雄同型，头和上体黑色，并具绿色和紫色的光泽，下体白色，嘴及腿红色。幼鸟上体褐色。
生境习性	栖息于开阔水域、河道、池塘。喜集小群。
苏州分布	近年记录于吴中区渔洋山（2015 年 10 月）。
居留时间	偶见。

东方白鹳 (guàn) *Ciconia boyciana*

眼周粉红色

飞羽黑色

英文名 / Oriental Stork　保护级别 / 国 I，EN

形态特征	大型涉禽，体长约 105cm。雌雄同型，嘴长而黑，腿红色，眼周裸露皮肤粉红色。飞行时黑色飞羽显著。
生境习性	栖息于开阔水域、河口、池塘。喜集群。
苏州分布	近年记录于常熟铁黄沙、张家港长江西水道、吴中区西山太湖。
居留时间	越冬期 10 月至翌年 4 月。

鷹形目
ACCIPITRIFORMES

鹗 (è) *Pandion haliaetus*

翼展长

英文名 / Western Osprey   保护级别 / 国 II

形态特征	中型猛禽，体长约 55cm。雌雄相似，翼展长，翼指 5 枚，头及下体白色，具黑色贯眼纹，上体多暗褐色。雌性胸带较明显。
生境习性	栖息于开阔水域、河口、池塘。喜单独活动；捕食鱼。
苏州分布	不常见，近年记录于常熟铁黄沙、沙家浜湿地公园；张家港长江西水道；昆山天福湿地公园；吴江区同里湿地公园；吴中区太湖湖滨湿地公园、漫山岛；高新区太湖湿地公园；相城区月季公园等地。迁徙时也出现在山林。
居留时间	越冬期 9 月至翌年 4 月，偶见于 7 月、8 月。

黑冠鹃隼 *Aviceda leuphotes*

羽冠直立

翼短圆

英文名 / Black Baza　保护级别 / 国 II

形态特征	小型猛禽，体长约 32cm。雌雄同型，冠羽长而直立，体羽黑色为主，胸具白色宽纹，翼具白斑，腹部具深栗色横纹。飞行时，翼短圆，基部较窄。
生境习性	栖息于山林。喜集群；站立于高处。
苏州分布	近年记录于吴中区三山岛湿地公园、漫山岛；张家港香山；常熟铁黄沙。
居留时间	迁徙期 4~6 月。

凤头蜂鹰 *Pernis ptilorhynchus*

中间型

拟态白腹隼雕

英文名 / Crested Honey-buzzard　保护级别 / 国 II

形态特征	中大型猛禽，体长约 60cm。雌雄异型，头小而翼宽长，翼指6枚，有浅色、中间色及深色型，羽色拟态鹰雕、蛇雕、乌雕、白腹隼雕等。
生境习性	栖息于山林。喜集群迁徙，常被小型猛禽攻击；取食蜂类。
苏州分布	近年记录于吴中区三山岛湿地公园、西山、东山、渔洋山、漫山岛、花山；高新区大阳山、贡山岛；常熟虞山、泥仓溇湿地公园；吴江区同里湿地公园；昆山天福湿地公园等地。迁徙期常见于山地。
居留时间	迁徙期 9~11 月，偶见于 5 月、6 月。

黑翅鸢 (yuān) *Elanus caeruleus*

飞羽黑色

幼鸟

英文名 / Black-winged Kite　保护级别 / 国 II

形态特征	小型猛禽，体长约 30cm。雌雄同型，虹膜红色，肩部和飞羽黑色，上体灰白色，脸、颈及下体白色。幼鸟似成鸟但沾褐色。
生境习性	栖息于开阔地、农耕地、草坪。喜单独或成对活动；可在空中悬停。
苏州分布	近年记录于常熟铁黄沙；张家港长江西水道；吴江区同里湿地公园、太湖苏州湾；吴中区东太湖湿地公园、三山岛湿地公园；昆山锦溪湿地公园、天福湿地公园等地。
居留时间	全年可见。

黑鸢 (yuān) *Milvus migrans*

尾楔形

别名 / 黑耳鸢　英文名 / Black Kite　保护级别 / 国 II

形态特征	中大型猛禽，体长约 55cm。雌雄同型，尾楔形，翼狭长，飞行时初级飞羽基部浅色斑较显著，翼指 6 枚。
生境习性	栖息于开阔的村庄、港口、水库。喜集群。
苏州分布	近年记录于吴中区漫山岛、渔洋山、三山岛湿地公园；吴江区太湖绿洲湿地公园；张家港凤凰山、长江西水道等地。
居留时间	迁徙期 4~5 月和 9~10 月，偶见于 7 月、8 月。

秃鹫 (jiù) *Aegypius monachus*

翼指 7 枚

英文名 / Cinereous Vulture　保护级别 / 国 II，NT

形态特征	大型猛禽，体长约 100cm。雌雄同型，体羽深褐色，翼宽大，翼指 7 枚，头颈具松软翎颌。
生境习性	栖息于高海拔山区，偶见于沿海地区。喜集群；以腐食为主。
苏州分布	记录于常熟福山镇（1996 年 12 月）。
居留时间	偶见于冬季。

蛇雕 *Spilornis cheela*

眼先黄色

英文名 / Crested Serpent Eagle   保护级别 / 国 II

形态特征	中型猛禽，体长约 60cm。雌雄同型，眼先黄色，体羽深色，两翼甚圆且宽而尾短，7 枚翼指，尾羽为黑白色相间横斑。
生境习性	栖息于山林。喜单独或集小群活动。
苏州分布	近年记录于吴中区七子山、渔洋山、西山、三山岛湿地公园等地。
居留时间	迁徙期 4~5 月和 9~10 月，偶见于 8 月。

白腹鹞 (yào) *Circus spilonotus*

幼鸟头肩乳白色

大陆型雄性

英文名 / Eastern Marsh Harrier　保护级别 / 国 II

形态特征	中型猛禽，体长约 50cm。雌雄异型，羽色分为大陆型和日本型。大陆型雄性头黑或灰色，体羽白色，雌性体羽棕色。日本型雄性体羽棕色，幼鸟头肩部乳白色。翼指 5 枚。
生境习性	栖息于开阔水域、芦苇荡。喜单独活动；常在沼泽湿地上空滑翔觅食。
苏州分布	近年记录于张家港长江西水道；常熟铁黄沙；吴中区东太湖湿地公园、漫山岛、渔洋山等地。迁徙时也出现在山地。
居留时间	越冬期 9 月至翌年 5 月，偶见于 7 月。

白尾鹞 (yào) *Circus cyaneus*

脸盘明显

幼鸟

英文名 / Hen Harrier　保护级别 / 国 II

形态特征	中型猛禽，体长约 50cm。雌雄异型，5 枚翼指。雄性体羽白色，翼尖黑色；雌性和幼鸟体羽褐色，腰白色，脸盘较明显。
生境习性	栖息于开阔草原、芦苇荡。喜单独活动。
苏州分布	近年记录于常熟铁黄沙；张家港长江西水道；昆山天福湿地公园；吴中区渔洋山；吴江区太湖绿洲湿地公园等地。
居留时间	越冬期 11 月至翌年 4 月。

鹊鹞 (yào) *Circus melanoleucos*

"三叉戟"

幼鸟

英文名 / Pied Harrier　保护级别 / 国 II

形态特征	中型猛禽，体长约 50cm。雌雄异型，雌性体羽白色，头背黑色，形成"三叉戟"；雌性体羽褐色，翼下偏白；幼鸟体羽深褐色，有白腰。翼指 5 枚。
生境习性	栖息于开阔草地、芦苇荡。喜单独活动；飞行时翼上扬。
苏州分布	近年记录于常熟铁黄沙；张家港长江西水道、香山；昆山天福湿地公园；吴中区渔洋山；吴江区太湖苏州湾等地。
居留时间	越冬期 9 月至翌年 5 月。

凤头鹰 *Accipiter trivirgatus*

"纸尿裤"

雄

英文名 / Crested Goshawk   保护级别 / 国 II

形态特征	中型猛禽,体长约 45cm。雌雄相似,具短羽冠,尾下覆羽上翻形成"纸尿裤"状。雄性脸鼠灰色,上体灰褐色,多棕色横斑。幼鸟下体多棕色纵纹。
生境习性	栖息于山林。喜单独或成对活动,常被其他猛禽攻击;飞行时常有压翅行为。
苏州分布	常见,多分布于丘陵地带。也记录于吴江区同里湿地公园、昆山天福湿地公园、常熟铁黄沙等地。
居留时间	全年可见。

赤腹鹰 *Accipiter soloensis*

蜡膜橙色

翼尖黑 　　　　　　幼鸟

英文名 / Chinese Sparrowhawk　保护级别 / 国 II

形态特征	小型猛禽，体长约 30cm。雌雄相似，蜡膜橙色，成鸟上体蓝灰色，胸及两胁略沾橙红色，翼尖黑色，4 枚翼指。幼鸟胸部多褐色纵纹。
生境习性	栖息于山林。喜集群迁徙。
苏州分布	常见，多分布于丘陵地带。偶见于太仓金仓湖湿地公园、昆山天福湿地公园、吴江区同里湿地公园等地。
居留时间	繁殖期 5~9 月。

日本松雀鹰 *Accipiter gularis*

胸浅棕色

幼鸟

英文名 / Japanese Sparrowhawk　保护级别 / 国 II

形态特征	小型猛禽，体长约 27cm。雌雄相似，雄型胸浅棕色，雌性胸腹部为褐色横斑。幼鸟胸具棕色纵纹。翼指 5 枚。
生境习性	栖息于山林。性凶猛，会攻击其他猛禽。
苏州分布	多分布于丘陵地带。偶见于常熟铁黄沙、姑苏区虎丘湿地等地。
居留时间	迁徙期 4~5 月和 9~10 月。

松雀鹰 *Accipiter virgatus*

幼鸟具水滴状纵纹

雄

英文名 / Besra　保护级别 / 国 II

形态特征	小型猛禽，体长约33cm。雌雄相似，似小型凤头鹰，翼短圆，翼指5枚。雄性脸鼠灰色，具黑色喉中线，腹部褐色横斑较深，尾下覆羽也可上翻形成"纸尿裤"。幼鸟胸腹部为水滴状褐色纵纹。
生境习性	栖息于山林。喜单独活动；性凶猛，会攻击其他猛禽。
苏州分布	近年记录于张家港凤凰山、香山；吴中区漫山岛、渔洋山、西山等地。姑苏区有救助记录。
居留时间	全年可见。

雀鹰 *Accipiter nisus*

脸颊棕色

幼鸟

英文名 / Eurasian Sparrowhawk　保护级别 / 国 II

形态特征	小型猛禽，体长约 38cm。雌雄相似，雄性脸颊棕色，胸腹部多棕色横纹；雌性眉纹明显，胸腹部为灰褐色细横纹，脸颊略带棕色。幼鸟似雌性，偏褐色。翼指 6 枚。
生境习性	栖息于山林。喜单独活动；性凶猛。
苏州分布	多分布于丘陵地带，也记录于常熟铁黄沙、吴江区同里湿地公园、张家港长江西水道等地。
居留时间	越冬期 10 月至翌年 4 月。

苍鹰 *Accipiter gentilis*

幼鸟

英文名 / Northern Goshawk　保护级别 / 国 II

形态特征	中型猛禽，体长约 56cm。雌雄相似，体态粗壮，眉纹显著，成鸟具粉褐色横斑，上体青灰色。幼鸟偏黄褐色，下体多黑色粗纵纹。翼指 6 枚。
生境习性	栖息于山林、开阔人工林。喜单独活动；性凶猛。
苏州分布	多分布于丘陵地带，也记录于吴江区同里湿地公园、太湖绿洲湿地公园；常熟沙家浜湿地公园、南湖湿地公园、铁黄沙；昆山天福湿地公园等地。
居留时间	越冬期 10 月至翌年 4 月。

灰脸鵟 (kuáng) 鹰 *Butastur indicus*

喉中线明显

幼鸟

英文名 / Grey-faced Buzzard　保护级别 / 国 II

形态特征	中型猛禽，体长约 45cm。雌雄相似，喉中线和眉纹明显，脸鼠灰色，腹部多褐色横纹，雄性胸部褐色成片。幼鸟腹部多纵纹。翼平直，5 枚翼指。
生境习性	栖息于山林。喜单独活动，迁徙时集大群。
苏州分布	常见，多分布于丘陵地带，也记录于吴江区同里湿地公园；常熟沙家浜湿地公园；昆山天福湿地公园；张家港长江西水道等地。近年在张家港凤凰山和吴中区三山岛湿地公园记录到 500~800 只的迁徙大群。
居留时间	迁徙期 4~5 月和 9~10 月，秋季数量较多。

普通鵟 (kuáng) *Buteo japonicus*

黑色腕斑

英文名 / Eastern Buzzard　保护级别 / 国 II

形态特征	中型猛禽，体长约 55cm。雌雄同型，羽色皮黄，飞行时两翼宽而圆，翼下有黑色腕斑，6 枚翼指。
生境习性	栖息于山林、农耕地。喜单独活动；多站立于高处，能在空中悬停。
苏州分布	常见，多分布于丘陵地带、湿地公园。
居留时间	越冬期 10 月至翌年 4 月，偶见于 5 月。

林雕 *Ictinaetus malaiensis*

英文名 / Black Eagle　保护级别 / 国 II

形态特征	大型猛禽，体长约 70cm。雌雄同型，羽色黑，翼宽大平直，翼指 7 枚。
生境习性	栖息于山林。喜单独活动；擅长飞行和滑翔。
苏州分布	近年记录于吴中区西山、三山岛湿地公园、穹窿山等地（2019 年 10~11 月）。
居留时间	偶见。

乌雕 *Clanga clanga*

幼鸟

英文名 / Greater Spotted Eagle　保护级别 / 国 II，VU

形态特征	大型猛禽，体长约 70cm。雌雄同型，成鸟体羽黑色。幼鸟翼上及背部具明显的白色点斑及横纹。7 枚翼指。
生境习性	栖息于山林、平原。喜单独活动。
苏州分布	近年记录于吴中区西山（2018 年 10 月）。
居留时间	偶见于春、秋季。

隼形目
FALCONIFORMES

红隼 *Falco tinnunculus*

雄

英文名 / Common Kestrel　保护级别 / 国 II

形态特征	小型猛禽，体长约 33cm。雌雄相似，体羽棕红色，雄性颜色鲜艳，尾蓝灰色，下体褐色；雌性尾赤褐色多横斑。幼鸟似雌性，但纵纹较多。
生境习性	栖息于开阔水域、农田、草地。喜单独活动；能在空中悬停。
苏州分布	常见，分布于丘陵地带、湿地公园、农田、村落、城市。
居留时间	全年可见。

红脚隼 *Falco amurensis*

蜡膜橙色

幼鸟

别名 / 阿穆尔隼　英文名 / Amur Falcon　保护级别 / 国 II

形态特征	小型猛禽，体长约31cm。雌雄异型，蜡膜橙红色，腿、腹部及臀棕色。雄性体羽灰色，飞羽黑色；雌性头顶灰色，腹部具黑色纵纹。幼鸟似雌性，但腹部较白。
生境习性	栖息于农耕地、山林。喜集群；多站立于电线上。
苏州分布	多分布于丘陵地带，也记录于张家港长江西水道、吴江区同里湿地公园、常熟沙家浜湿地公园等地。
居留时间	迁徙期5~6月和9~10月。

灰背隼 *Falco columbarius*

雌性

雄

英文名 / Merlin　保护级别 / 国 II

形态特征	小型猛禽，体长约30cm。雌雄异型，雄性头顶及上体蓝灰，下体黄褐并多具黑色纵纹，雌性及幼鸟以灰褐色为主。
生境习性	栖息于开阔草地、沙地、农耕地。喜单独活动。
苏州分布	近年记录于常熟铁黄沙、张家港长江西水道、吴中区东太湖湿地公园、吴江区太湖苏州湾等地。
居留时间	越冬期 10 月至翌年 4 月。

燕隼 *Falco subbuteo*

尾下覆羽棕色

幼鸟

英文名 / Eurasian Hobby　保护级别 / 国 II

形态特征	小型猛禽，体长约 30cm。雌雄相似，翼展长，上体深灰色，胸乳白色而具黑色纵纹，尾下覆羽棕色，雌性细纹较多。幼鸟尾下覆羽偏白。
生境习性	栖息于山林。喜单独活动。
苏州分布	常见，多分布于丘陵地带，也记录于吴江区同里湿地公园；昆山夏驾河、天福湿地公园；高新区太湖湿地公园等地。
居留时间	迁徙期 4~6 月和 9~10 月。

游隼 *Falco peregrinus*

纵纹

黑色点斑

英文名 / Peregrine Falcon　保护级别 / 国 II

形态特征	中型猛禽，体长约 45cm。雌雄相似，成鸟具黑色髭纹，上体深灰色，腹部为黑色点斑和横纹，雌鸟体型较大。幼鸟褐色浓重，腹部具纵纹。
生境习性	栖息于开阔水域、山地。喜单独活动；性凶猛。
苏州分布	多分布于丘陵地带、各大湖泊、湿地公园。
居留时间	越冬期 9 月至翌年 5 月，偶见于 7 月、8 月。

鹤形目
GRUIFORMES

普通秧鸡 *Rallus indicus*

黑斑

英文名 / Brown-cheeked Rail

形态特征	中型秧鸡，体长约29cm。雌雄同型，上体多纵纹，头顶褐色，脸蓝色，有深褐色贯眼纹，尾下覆羽白色，有黑斑。
生境习性	栖息于茂密的芦苇、池塘。性羞怯，多晨昏活动。
苏州分布	近年记录于吴中区太湖湖滨湿地公园；吴江区同里湿地公园；张家港长江西水道；常熟铁黄沙、沙家浜湿地公园；昆山锦溪湿地公园等地。
居留时间	越冬期10月至翌年5月。

西方秧鸡 *Rallus aquaticus*

蓝灰色

英文名 / Water Rail

形态特征	中型秧鸡，体长约29cm。雌雄同型，上体多纵纹，头顶褐色，脸至胸蓝灰色，尾下覆羽白色。
生境习性	栖息于茂密的芦苇、池塘。性羞怯，多晨昏活动。
苏州分布	近年记录于吴中区太湖湖滨湿地公园（2015年1月）。
居留时间	偶见于冬季。

白胸苦恶鸟 *Amaurornis phoenicurus*

幼鸟

英文名 / White-breasted Waterhen

形态特征	中型秧鸡，体长约 33cm。雌雄同型，头顶及上体灰色，脸至腹部白色，尾下棕色。幼鸟偏灰色。
生境习性	栖息于灌丛、稻田、河道、芦苇、池塘。喜单独或成对活动；叫声似"苦恶"。
苏州分布	常见。
居留时间	全年可见。

红脚苦恶鸟 *Amaurornis akool*

腿红褐色

英文名 / Brown Crake

形态特征	中型秧鸡，体长约 28cm。雌雄同型，上体全橄榄褐色，脸及胸青灰色，腿红褐色。幼鸟灰色较少。
生境习性	栖息于茂密的芦苇、池塘、溪流。性羞怯，喜单独或成对活动。
苏州分布	近年记录于吴中区太湖湖滨湿地公园、漫山岛、石湖；高新区贡山岛、白马涧；昆山天福湿地公园等地。
居留时间	全年可见。

小田鸡 *Porzana pusilla*

英文名 / Baillon's Crake

形态特征	小型秧鸡，体长约 18cm。雌雄相似，上体棕褐色，背部具白色纵纹，下体蓝灰色。
生境习性	栖息于沼泽型湖泊及多草的沼泽地带。性隐蔽；叫声似青蛙。
苏州分布	近年记录于张家港长江西水道、常熟铁黄沙、吴江区同里湿地公园、高新区太湖湿地公园等地。
居留时间	迁徙期 4~5 月和 9~10 月。

董鸡 *Gallicrex cinerea*

尖角的额甲

形态特征	大型秧鸡，体长约 40cm。雌雄异型，雄性体羽黑色，具红色的尖形角状额甲；雌性褐色，下体具细密横纹。
生境习性	栖息于芦苇沼泽地、稻田。性羞怯，主要为夜行性。
苏州分布	近年记录于吴中区东太湖湿地公园、西山太湖；吴江区太湖绿洲湿地公园；昆山阳澄东湖湿地公园等地。
居留时间	繁殖期 5~8 月。

黑水鸡 *Gallinula chloropus*

秧鸡科 Rallidae

幼鸟

英文名 / Common Moorhen

形态特征	中型秧鸡，体长约31cm。雌雄同型，额甲亮红色，体羽全青黑色，仅两胁有白色细纹，尾下有两块白斑。幼鸟多灰褐色，额甲黄色。
生境习性	栖息于开阔水域、河道、池塘。喜集群。
苏州分布	常见。
居留时间	全年可见。

骨顶鸡 *Fulica atra*

额甲白色

别名 / 白骨顶　英文名 / Eurasian Coot

形态特征	大型秧鸡，体长约 40cm。雌雄同型，嘴及额甲白色，体羽深黑灰色，飞行时可见翼上近白色后缘。
生境习性	栖息于开阔水域、河道、池塘。喜集群；潜水取食水草。
苏州分布	常见，多分布于各大湖泊、湿地公园、沿江湿地。也有部分个体在常熟铁黄沙、吴中区太湖湖滨湿地公园等地繁殖。
居留时间	全年可见，越冬期 10 月至翌年 4 月。

沙丘鹤 *Antigone canadensis*

顶冠红色

英文名 / Sandhill Crane　保护级别 / 国 II

形态特征	大型涉禽，体长约 104cm。雌雄同型，体羽灰色，脸偏白，额及顶冠红色，飞行时可见深灰色的飞羽。
生境习性	栖息于苔原带及河流、沼泽、农耕地。
苏州分布	近年记录于张家港长江西水道（2020 年 5 月）。
居留时间	偶见。

蓑 (suō) 羽鹤 *Grus virgo*

白色耳羽簇

英文名 / Demoiselle Crane　保护级别 / 国 II

形态特征	大型涉禽，体长约 105cm。雌雄同型，体羽蓝灰色，头顶白色，白色丝状长羽的耳羽簇与偏黑色的头、颈及修长的胸羽成对比。
生境习性	栖息于高原、草原、沼泽、农耕地。
苏州分布	近年记录于昆山天福湿地公园（2014 年 11 月）。
居留时间	偶见。

灰鹤 *Grus grus*

英文名 / Common Crane　保护级别 / 国 II

形态特征	大型涉禽，体长约 125cm。雌雄同型，体羽灰色，前顶冠黑色，中心红色，头及颈深青灰色，飞行时可见黑色飞羽。
生境习性	栖息于开阔湿地、沼泽地、浅滩、农耕地。
苏州分布	近年记录于张家港长江西水道（2019 年 10 月）。
居留时间	偶见。

白头鹤 *Grus monacha*

英文名 / Hooded Crane　保护级别 / 国 I，VU

形态特征	大型涉禽，体长约 100cm。雌雄同型，体羽深灰色，头颈白色，顶冠前黑色而中红色，飞行时飞羽黑色。
生境习性	栖息于近湖泊及河流、沼泽地、农耕地。
苏州分布	近年记录于常熟铁黄沙（2019 年 11 月）。
居留时间	偶见。

鸻形目
CHARADRIIFORMES

黑翅长脚鹬 (yù) *Himantopus himantopus*

幼鸟

英文名 / Black-winged Stilt

形态特征	中大型鸻鹬，体长约37cm。雌雄同型，嘴细长，两翼黑色，腿长红色，体羽白色。颈背黑色斑块因个体而异。幼鸟褐色较浓。
生境习性	栖息于池塘、浅滩。喜集群；领地意识强，驱赶进入巢区的鸟类。
苏州分布	常见，多分布于多池塘和农田的湿地公园、沿江湿地。
居留时间	全年可见，繁殖期4~8月。

反嘴鹬 (yù) *Recurvirostra avosetta*

嘴上弯

英文名 / Pied Avocet

形态特征	中大型鸻鹬，体长约 43cm。雌雄同型，体羽黑白色，黑色的嘴细长而上弯。
生境习性	栖息于浅滩浅水、池塘。喜集群；善游泳，进食时嘴往两边扫动。
苏州分布	近年记录于常熟铁黄沙、昆承湖；张家港长江西水道；吴中区太湖湖滨湿地公园；吴江区同里湿地公园、太湖绿洲湿地公园；昆山天福湿地公园等地。
居留时间	越冬期 9 月至翌年 4 月，偶见于 8 月。

水雉 (zhì) *Hydrophasianus chirurgus*

颈后金黄色

非繁殖羽

英文名 / Pheasant-tailed Jacana

形态特征	中大型鸻鹬，体长约 33cm。雌雄相似，繁殖羽颈后金黄色，翅膀白，尾羽长，雄性尾羽略短；非繁殖羽体羽棕褐色。
生境习性	栖息于多浮叶植物的水域。一妻多夫制，雄性负责育雏。
苏州分布	常见，分布于多菱角、芡实的各大湖泊、湿地公园、池塘。
居留时间	繁殖期 4~10 月，偶见于 11 月、12 月。

金斑鸻 (héng) *Pluvialis fulva*

金色斑点

非繁殖羽

英文名 / Pacific Golden Plover

形态特征	中型鸻鹬，体长约 25cm。雌雄同型，繁殖羽上体多金色斑点，下体黑色，白色条纹分隔。非繁殖羽以金棕色为主。
生境习性	栖息于沿海滩涂、农耕地、草地。喜集群；善隐蔽。
苏州分布	近年记录于张家港长江西水道、常熟铁黄沙、吴中区东太湖湿地公园、昆山天福湿地公园、吴江区八坼等地。
居留时间	迁徙期 3~5 月和 7~9 月。

灰斑鸻 (héng) *Pluvialis squatarola*

腋羽黑色

非繁殖羽

英文名 / Grey Plover

形态特征	中型鸻鹬，体长约 28cm。雌雄同型，嘴短厚，腋羽黑色。繁殖羽上体多银灰色，下体黑色；非繁殖羽上体褐灰色，下体近白色。
生境习性	栖息于沿海滩涂、池塘浅滩。喜集群。
苏州分布	近年记录于张家港长江西水道、常熟铁黄沙等地。
居留时间	迁徙期 4~5 月和 8~9 月。

金眶鸻 (héng) *Charadrius dubius*

眼圈金色

幼鸟

英文名 / Little Ringed Plover

形态特征	小型鸻鹬，体长约 16cm。雌雄同型，繁殖羽眼圈金色，嘴黑色，腿黄色，飞行时无白色翼带。非繁殖羽和幼鸟偏褐色。
生境习性	栖息于沿海滩涂、沙地、河道沙洲、沼泽、农田、池塘浅滩。
苏州分布	常见。
居留时间	全年可见。

长嘴剑鸻 (héng) *Charadrius placidus*

嘴略长

英文名 / Long-billed Plover

形态特征	中型鸻鹬，体长约 22cm。雌雄同型，嘴略长。繁殖羽特征为具黑色的前顶横纹和全胸带，贯眼纹灰褐色。幼鸟羽色偏褐。
生境习性	栖息于沿海滩涂、河流及水库沿岸。
苏州分布	近年记录于高新区大阳山、工业园区东沙湖。
居留时间	偶见。

剑鸻 (héng) *Charadrius hiaticula*

嘴基橘色

白色翼带

英文名 / Common Ringed Plover

形态特征 小型鸻鹬，体长约 18cm。雌雄同型，嘴端黑色，嘴基橘色，眼罩和颈圈黑色，腿橘色，飞行时具明显白色翼带。幼鸟偏褐色。

生境习性 栖息于沿海滩涂、池塘浅滩。

苏州分布 近年记录于张家港长江西水道（2016 年 4 月）。

居留时间 偶见。

环颈鸻 (héng) *Charadrius alexandrinus*

枕褐色

腿黑色

雌

英文名 / Kentish Plover

形态特征	小型鸻鹬，体长约 15cm。雌雄异型，腿黑色，胸带不相连。雄性胸带黑色，枕褐色；雌性和幼鸟胸带褐色。
生境习性	栖息于沿海滩涂、沙地、河道沙洲、沼泽地。
苏州分布	常见，多分布于沿江滩涂。
居留时间	全年可见。

蒙古沙鸻 (héng) *Charadrius mongolus*

胸带宽

幼鸟

英文名 / Lesser Sand Plover

形态特征	中型鸻鹬，体长约 20cm。雌雄同型，繁殖羽胸具棕赤色宽横纹，脸具黑色斑纹。非繁殖羽和幼鸟偏褐色。
生境习性	栖息于沿海滩涂、沙地、河道沙洲。
苏州分布	近年记录于张家港长江西水道、常熟铁黄沙、太仓白茆口、吴中区东太湖湿地公园等地。
居留时间	迁徙期 4~5 月和 7~10 月。

铁嘴沙鸻 (héng) *Charadrius leschenaultii*

嘴较长

非繁殖羽

英文名 / Greater Sand Plover

形态特征	中型鸻鹬，体长约 23cm。雌雄同型，嘴较长。繁殖羽胸具棕色横纹，脸具黑色斑纹，前额白色；非繁殖羽和幼鸟偏褐色。
生境习性	栖息于沿海滩涂、沙地、河道沙洲。
苏州分布	近年记录于张家港长江西水道、吴中区澄湖等地。
居留时间	迁徙期 4~5 月和 7~9 月。

东方鸻 (héng) *Charadrius veredus*

非繁殖羽

英文名 / Oriental Plover

形态特征	中型鸻鹬，体长约 24cm。雌雄同型，身姿优雅。繁殖羽胸橙黄色，具黑色下边，头较白；非繁殖羽上体偏褐色，下体白色。
生境习性	栖息于沙地、草地。喜集群。
苏州分布	近年记录于张家港长江西水道、常熟铁黄沙、太仓白茆口、吴中区东太湖湿地公园等地。
居留时间	迁徙期 3~5 月和 9~10 月。

凤头麦鸡 *Vanellus vanellus*

凤头显著

英文名 / Northern Lapwing   保护级别 / NT

形态特征	中大型鸻鹬，体长约 30cm。雌雄同型，凤头显著，上体具绿黑色金属光泽，胸带黑色，腹白。
生境习性	栖息于农耕地、稻田、草地。喜集群。
苏州分布	近年记录于吴江区太湖绿洲湿地公园、同里湿地公园；昆山天福湿地公园、锦溪湿地公园；吴中区临湖；张家港长江西水道等地。
居留时间	越冬期 10 月至翌年 3 月。

灰头麦鸡 *Vanellus cinereus*

头灰色

英文名 / Grey-headed Lapwing

形态特征	中大型鸻鹬，体长约 35cm。雌雄同型，头及胸灰色，上背及背褐色，翼尖、胸带及尾部横斑黑色。幼鸟似成鸟，体羽偏白。
生境习性	栖息于草地、河滩、稻田及沼泽。喜集群。
苏州分布	常见。
居留时间	2~9 月。

丘鹬 (yù) *Scolopax rusticola*

枕部四道横带

英文名 / Eurasian Woodcock

形态特征	中大型鸻鹬，体长约 35cm。雌雄同型，体羽棕褐色，枕部具四道横斑。
生境习性	栖息于树林、草地。夜行性；擅长隐蔽。
苏州分布	近年记录于吴中区临湖、渔洋山；张家港长江西水道；昆山天福湿地公园；吴江区同里湿地公园；工业园区白塘公园；太仓金仓湖湿地公园等地。多地有救助记录。
居留时间	越冬期 10 月至翌年 3 月。

扇尾沙锥 (zhuī) *Gallinago gallinago*

翼后缘白色

英文名 / Common Snipe

形态特征	中大型鸻鹬，体长约 30cm。雌雄同型，敦实而短圆，嘴长，体羽褐色斑驳，飞行时翼后缘白色，翼下显著白色宽带，尾羽展开几乎同宽。幼鸟羽色偏白。
生境习性	栖息于稻田、池塘沼泽和潮湿草地。善隐蔽，惊起时常呈"Z"字形飞行。
苏州分布	常见。
居留时间	8 月至翌年 5 月，偶见于 7 月。

针尾沙锥 (zhuī) *Gallinago stenura*

翼下细横纹

鹬科 Scolopacidae

英文名 / Pin-tailed Snipe

形态特征	中型鸻鹬，体长约24cm。雌雄同型，敦实而短圆，嘴较长，体羽褐色斑驳，翼下多细横纹，两侧尾羽展开为细针状。
生境习性	栖息于稻田、池塘沼泽和潮湿草地。善隐蔽，惊起时常呈"Z"字形飞行。
苏州分布	近年记录于吴江区太湖绿洲湿地公园、吴中区东太湖湿地公园、昆山天福湿地公园、常熟铁黄沙、张家港长江西水道等地。
居留时间	迁徙期 4~5 月和 8~10 月。

大沙锥 (zhuī) *Gallinago megala*

两侧尾羽较细

英文名 / Swinhoe's Snipe

形态特征	中型鸻鹬，体长约 28cm。雌雄同型，敦实而短圆，嘴较长，体羽褐色斑驳，翼下多细横纹，两侧尾羽展开较细。
生境习性	栖息于稻田、草地。善隐蔽，惊起时飞行缓慢，常短距离直线飞行后落下。
苏州分布	近年记录于吴中区横泾、昆山天福湿地公园、张家港长江西水道等地。
居留时间	迁徙期 4~5 月和 8~10 月。

黑尾塍鹬 (chéng yù) *Limosa limosa*

嘴较直

非繁殖羽偏褐色

繁殖羽

英文名 / Black-tailed Godwit   保护级别 / NT

形态特征	中型涉禽，体长约 42cm。雌雄同型，嘴平直，腰白色，尾端黑色。繁殖羽头胸棕红色，背棕褐色；非繁殖羽偏褐色。
生境习性	栖息于沿海滩涂、沼泽、河道沙洲。喜集群。
苏州分布	近年记录于张家港长江西水道；常熟铁黄沙；吴中区东太湖湿地公园；相城区阳澄湖湿地公园；吴江区同里湿地公园、太湖绿洲湿地公园等地。
居留时间	迁徙期 3~5 月和 7~10 月。

斑尾塍鹬 (chéng yù) *Limosa lapponica*

嘴略上翘

英文名 / Bar-tailed Godwit

形态特征	中大型鸻鹬，体长约 42cm。雌雄同型，嘴略上翘，腰上具褐色横斑。繁殖羽头胸棕红色，背棕褐色；非繁殖羽偏褐色。
生境习性	栖息于沿海滩涂、沼泽、河道沙洲。喜集群。
苏州分布	近年记录于张家港长江西水道。
居留时间	偶见于 4 月。

小杓鹬 (sháo yù) *Numenius minutus*

嘴较短

英文名 / Little Curlew　保护级别 / 国 II

形态特征	中大型鸻鹬，体长约 30cm。雌雄同型，羽色皮黄，嘴略向下弯，约为头长的 1.5 倍，皮黄色的眉纹。飞行时腰无白色。
生境习性	栖息于开阔的农耕地及草地。喜集群。
苏州分布	近年记录于张家港长江西水道、凤凰山；太仓白茆口、金仓湖湿地公园；常熟铁黄沙；吴中区太湖苏州湾、东太湖湿地公园；吴江区太湖苏州湾；昆山天福湿地公园；相城区阳澄湖湿地公园等地。近年在张家港长江西水道记录到 100~300 只大群。
居留时间	迁徙期 4~5 月和 9~10 月。

中杓鹬 (sháo yù) *Numenius phaeopus*

腰白色

英文名 / Whimbrel

形态特征	中大型鸻鹬，体长约 43cm。雌雄同型，体羽棕褐色，眉纹色浅，具黑色顶纹，嘴约为头长 2 倍，腰多为白色。
生境习性	栖息于沿海滩涂、河道沙洲、沿海草地、沼泽。喜集群。
苏州分布	近年记录于张家港长江西水道；常熟铁黄沙；吴中区东太湖湿地公园、太湖湖滨湿地公园；太仓白茆口等地。近年在张家港长江西水道记录到 500~1000 只大群。
居留时间	迁徙期 4~5 月和 7~9 月。

大杓鹬 (sháo yù) *Numenius madagascariensis*

腰褐色

英文名 / Eastern Curlew 保护级别 / EN

形态特征	大型鸻鹬，体长约 63cm。雌雄同型，体羽棕褐色，嘴长而下弯，约为头长 3 倍。
生境习性	栖息于沿海滩涂、河道沙洲。
苏州分布	近年记录于张家港长江西水道、昆山天福湿地公园等地。
居留时间	偶见。

白腰杓鹬 (sháo yù) *Numenius arquata*

腹部偏白

腰白

英文名 / Eurasian Curlew　保护级别 / NT

形态特征	大型鸻鹬，体长约 55cm。雌雄同型，体羽棕褐色，嘴甚长而下弯，嘴约为头长的 3.5 倍，下腹部白少斑，腰白色。
生境习性	栖息于沿海滩涂、河道沙洲、沿海草地。喜集群。
苏州分布	近年记录于张家港长江西水道。
居留时间	偶见于 7~8 月。

鹤鹬 (yù) *Tringa erythropus*

下嘴基红

非繁殖羽

英文名 / Spotted Redshank

形态特征	中型鸻鹬，体长约 30cm。雌雄同型，嘴长且直，下嘴基红色，腿红色。繁殖羽黑色具白色点斑；非繁殖羽灰褐色为主。
生境习性	栖息于鱼塘、沿海滩涂及沼泽地带。喜集小群，能游泳。
苏州分布	常见。
居留时间	8 月至翌年 5 月，偶见于 7 月。

红脚鹬 (yù) *Tringa totanus*

上下嘴基红色

翼后缘白色

英文名 / Common Redshank

形态特征	中型鸻鹬，体长约 28cm。雌雄同型，嘴长且直，腿橙红色，嘴基部为红色。上体褐灰色，下体白色，胸具褐色纵纹。飞行时腰和次级飞羽白色显著。
生境习性	栖息于沿海滩涂、盐田、沼泽及鱼塘。
苏州分布	记录于常熟铁黄沙、张家港长江西水道、吴江区同里湿地公园、吴中区太湖湖滨湿地公园、相城区阳澄湖湿地公园。
居留时间	迁徙期 3~5 月和 7~9 月。

泽鹬 (yù) *Tringa stagnatilis*

嘴细

腰背白色

英文名 / Marsh Sandpiper

形态特征	中型鸻鹬，体长约23cm。雌雄同型，体态纤细，嘴如细针，上体灰褐色，腰背白色，下体白色。
生境习性	栖息于湖泊、沼泽地、池塘、河道沙洲。喜集小群。
苏州分布	常见。
居留时间	迁徙期2~5月和7~10月，偶见于1月。

青脚鹬 (yù) *Tringa nebularia*

嘴略粗

英文名 / Common Greenshank

形态特征	中大型鸻鹬，体长约32cm。雌雄同型，体态高挑，嘴略粗，上体灰褐色，腰背白色，下体白色，腿青灰色。
生境习性	栖息于湖泊、沼泽、池塘、河道沙洲。喜单独或集小群。
苏州分布	常见。
居留时间	7月至翌年5月。

白腰草鹬 (yù) *Tringa ochropus*

繁殖羽

英文名 / Green Sandpiper

形态特征	中型鸻鹬，体长约23cm。雌雄同型，体态矮壮，上体褐色，背上有细白点，飞行时白腰显著，腹部白色。繁殖羽头部多纵纹，背上白点较大。
生境习性	栖息于河道、池塘、沼泽。喜单独活动。
苏州分布	常见。
居留时间	8月至翌年5月，偶见于7月。

林鹬 (yù) *Tringa glareola*

斑点多

眉纹长

英文名 / Wood Sandpiper

形态特征	小型鸻鹬，体长约 20cm。雌雄同型，体态纤细，上体灰褐色而多斑点，眉纹长，腰白色。
生境习性	栖息于湖泊、沼泽、池塘、农田。喜集群。
苏州分布	常见。
居留时间	7 月至翌年 5 月。

翘嘴鹬 (yù) *Xenus cinereus*

嘴上翘

形态特征	中型鸻鹬，体长约 23cm。雌雄同型，黄色嘴上翘，上体灰色，飞行时黑色的初级飞羽明显。繁殖期肩羽具黑色条纹。
生境习性	栖息于沿海滩涂、河道沙洲。喜单独或集小群。
苏州分布	近年记录于常熟铁黄沙、张家港长江西水道、吴中区东太湖湿地公园等地。
居留时间	迁徙期 4~5 月和 7~8 月。

矶鹬 (jī yù) *Actitis hypoleucos*

月牙形白斑

白色翼带

英文名 / Common Sandpiper

形态特征	小型鸻鹬，体长约 20cm。雌雄同型，嘴短，上体褐色，肩部具"月牙形"白斑，飞行时可见白色翼带。
生境习性	栖息于多礁石的沿海、河流、池塘。性活泼，喜点头摆尾。
苏州分布	常见。
居留时间	7 月至翌年 5 月。

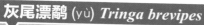

灰尾漂鹬 (yù) *Tringa brevipes*

白色眉纹

英文名 / Grey-tailed Tattler

鹬科 Scolopacidae

形态特征	中型鸻鹬，体长约 25cm。雌雄同型，嘴粗且直，贯眼纹黑色，眉纹白，上体灰色，腿短，黄色。
生境习性	栖息于多礁石的滩涂。喜单独活动。
苏州分布	近年记录于张家港长江西水道、常熟铁黄沙。
居留时间	迁徙期 4~5 月和 8~9 月。

翻石鹬 (yù) *Arenaria interpres*

嘴粗短

英文名 / Ruddy Turnstone

形态特征	中型鸻鹬，体长约 23cm。雌雄相似，嘴粗厚，略上翘。雄性头及胸部具黑色斑纹，上体红褐色。飞行时翼上具醒目的黑白色斑纹。
生境习性	栖息于沿海滩涂、多礁石水域。喜结小群；翻动石头取食甲壳类。
苏州分布	近年记录于张家港长江西水道、常熟铁黄沙、吴中区东太湖湿地公园、吴江区同里湿地公园、高新区贡山岛等地。
居留时间	迁徙期 4~5 月和 8~10 月。

长嘴鹬 (yù) *Limnodromus scolopaceus*

嘴长而直

英文名 / Long-billed Dowitcher

形态特征	中型鸻鹬，体长约 30cm。雌雄同型，嘴黄绿色，先端黑色，长且直，脚黄绿色。繁殖羽偏红褐色；非繁殖羽灰褐色。
生境习性	栖息于沿海滩涂、沼泽、浅滩。喜单独活动。
苏州分布	近年记录于张家港长江西水道（2019 年 8 月）。
居留时间	偶见。

半蹼鹬 (yù) *Limnodromus semipalmatus*

觅食行为如"打桩机"

嘴长而直

英文名 / Asian Dowitcher　保护级别 / NT

形态特征	中大型鸻鹬，体长约 35cm。雌雄同型，嘴长且直，尖端膨大，腿近黑。繁殖羽红褐色；非繁殖羽灰褐色。
生境习性	栖息于沿海滩涂、沼泽、浅滩。觅食行为如同"打桩机"。
苏州分布	近年记录于张家港长江西水道、常熟铁黄沙、吴中区东太湖湿地公园等地。
居留时间	迁徙期 4~5 月和 8~9 月。

大滨鹬 (yù) *Calidris tenuirostris*

黑色斑点

幼鸟

英文名 / Great Knot　保护级别 / EN

形态特征	中型鸻鹬，体长约27cm。雌雄同型，嘴较长且厚，微下弯。繁殖羽上体多棕褐色，胸多黑色斑点；非繁殖羽和幼鸟偏褐色，胸前斑点较淡。
生境习性	栖息于沿海滩涂、浅滩。喜集群。
苏州分布	近年记录于张家港长江西水道、常熟铁黄沙等地。
居留时间	迁徙期 4~5 月和 8~9 月。

红腹滨鹬 (yù) *Calidris canutus*

繁殖羽

非繁殖羽

英文名 / Red Knot　保护级别 / NT

形态特征	中型鸻鹬，体长约 24cm。雌雄同型，嘴短且厚，具浅色眉纹。繁殖羽下体棕色，上体灰色，略具鳞状斑；非繁殖羽下体近白。
生境习性	栖息于沿海滩涂、河道沙洲。喜集群。
苏州分布	近年记录于张家港长江西水道。
居留时间	迁徙期 4~5 月和 7~10 月。

三趾滨鹬 (yù) *Calidris alba*

肩羽黑色

繁殖羽

别名 / 三趾鹬　英文名 / Sanderling

形态特征	小型鸻鹬，体长约 20cm。雌雄同型，肩羽明显黑色，无后趾。繁殖羽上体赤褐色；非繁殖羽偏白。幼鸟上体偏深褐色。
生境习性	栖息于沿海滩涂、河道沙洲。喜集群。
苏州分布	近年记录于张家港长江西水道。
居留时间	迁徙期 3~4 月和 8~9 月。

红颈滨鹬 (yù) *Calidris ruficollis*

繁殖羽

英文名 / Red-necked Stint 保护级别 /NT

形态特征	小型鸻鹬，体长约 15cm。雌雄同型，腿黑色。繁殖羽上体红褐色；非繁殖羽和幼鸟上体灰褐色，多具杂斑及纵纹。
生境习性	栖息于沿海滩涂、河道沙洲、池塘浅滩。喜集群。
苏州分布	近年记录于张家港长江西水道；常熟铁黄沙；吴江区同里湿地公园；吴中区东太湖湿地公园、澄湖等地。
居留时间	迁徙期 3~5 月和 7~10 月，偶见于 1 月、11 月。

小滨鹬 (yù) *Calidris minuta*

上腿胫较长

英文名 / Little Stint

形态特征	小型鸻鹬，体长约 14cm。雌雄同型，上腿胫较长，繁殖羽颏及喉白色，上背具乳白色 " V " 字形带斑。
生境习性	栖息于沿海滩涂、河道沙洲。
苏州分布	近年记录于张家港长江西水道（2016 年 4 月）。
居留时间	偶见。

青脚滨鹬 (yù) *Calidris temminckii*

幼鸟背上多白色羽缘

非繁殖羽

英文名 / Temminck's Stint

形态特征	小型鸻鹬，体长约 14cm。雌雄同型，腿黄绿色。繁殖羽胸褐灰色，翼覆羽带棕色；非繁殖羽全暗灰色，下体胸灰色，腹部白色。幼鸟似非繁殖羽，背上多白色羽缘。
生境习性	栖息于沿海滩涂、沼泽地带、池塘浅滩。喜集群。
苏州分布	常见。
居留时间	迁徙期 3~4 月和 8~10 月。

长趾滨鹬 (yù) *Calidris subminuta*

眉纹显著

幼鸟

英文名 / Long-toed Stint

形态特征	小型鸻鹬，体长约 14cm。雌雄同型，腿黄绿色，眉纹显著。繁殖羽多棕褐色；非繁殖羽偏灰色。幼鸟似非繁殖羽，沾褐色。
生境习性	栖息于沿海滩涂、河道沙洲、池塘浅滩。喜集群。
苏州分布	常见。
居留时间	迁徙期 3~4 月和 8~10 月。

尖尾滨鹬 (yù) *Calidris acuminata*

眼圈明显

箭头状斑纹

非繁殖羽

英文名 / Sharp-tailed Sandpiper

形态特征	小型鸻鹬，体长约 19cm。雌雄同型，头顶棕色，眉纹色浅，眼圈明显，下腹部多箭头状斑纹。繁殖羽多棕色；非繁殖羽偏褐色。
生境习性	栖息于沿海滩涂、河道沙洲、沼泽、池塘浅滩。
苏州分布	常见。
居留时间	迁徙期 4~5 月和 7~9 月。

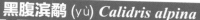

黑腹滨鹬 (yù) *Calidris alpina*

嘴端略下弯

腹部黑色

繁殖羽

英文名 / Dunlin

形态特征	小型鸻鹬，体长约 19cm。雌雄同型，眉纹白色，嘴端略有下弯，尾中央黑而两侧白。繁殖羽腹部显著黑色，上体棕红色；非繁殖羽上体灰褐色，腹部白色或略沾黑色。
生境习性	栖息于沿海滩涂、河道沙洲、沼泽、池塘浅滩。喜集群。
苏州分布	近年记录于张家港长江西水道、常熟铁黄沙、吴江区同里湿地公园、昆山湿地公园、吴中区东太湖湿地公园等地。
居留时间	7 月至翌年 5 月。

弯嘴滨鹬 (yù) *Calidris ferruginea*

深棕色

幼鸟

英文名 / Curlew Sandpiper　　保护级别 / NT

形态特征	中型鸻鹬，体长约 21cm。雌雄同型，嘴长而下弯。繁殖羽胸部及通体深棕色，颏白色；非繁殖羽上体大部灰色，下体白色。幼鸟胸颈略沾褐色。
生境习性	栖息于沿海滩涂、河道沙洲、沼泽、池塘浅滩。喜集群。
苏州分布	近年记录于张家港长江西水道、常熟铁黄沙、吴中区东太湖湿地公园、吴江区太湖绿洲湿地公园等地。
居留时间	迁徙期 4~5 月和 7~9 月。

阔嘴鹬 (yù) *Calidris falcinellus*

"西瓜头"

幼鸟

英文名 / Broad-billed Sandpiper

形态特征	小型鸻鹬，体长约 17cm。雌雄同型，双眉纹，头顶纹理呈西瓜纹状，似"西瓜头"，嘴末端略下弯。繁殖羽上体具灰褐色纵纹，下体白色，胸具细纹；非繁殖羽上体灰褐色。幼鸟似非繁殖羽，羽色斑驳。
生境习性	栖息于沿海滩涂、河道沙洲、沼泽、池塘浅滩。喜集单独或与其他鸻鹬混群。
苏州分布	近年记录于张家港长江西水道、常熟铁黄沙、吴江区同里湿地公园等地。
居留时间	迁徙期 3~5 月和 8~9 月。

流苏鹬 (yù) *Calidris pugnax*

头小颈长

幼鸟

英文名 / Ruff

形态特征	中型鸻鹬，体长约 25cm。雌雄异型，头小颈长，有细贯眼纹。雄性繁殖羽饰羽多变而蓬松；雌性繁殖羽体褐色，多纵纹；非繁殖羽体羽灰褐色。幼鸟偏黄褐色。
生境习性	栖息于沿海滩涂、河道沙洲、沼泽、池塘浅滩。喜单独活动。
苏州分布	近年记录于张家港长江西水道；常熟铁黄沙；吴中区东太湖湿地公园、漫山岛；吴江区同里湿地公园等地。
居留时间	迁徙期 3~5 月和 8~10 月。

红颈瓣蹼鹬 (pǔ yù) *Phalaropus lobatus*

嘴细长

趾具瓣蹼

英文名 / Red-necked Phalarope

形态特征	小型鸻鹬，体长约 18cm。雌雄同型，嘴细长，趾呈瓣蹼状。繁殖羽喉白，眼后至颈侧红棕色，上体黑褐色；非繁殖羽头灰白，黑色眼罩，体羽灰白色。
生境习性	栖息于沿海水域、河流、湖泊。喜集群；在水中打转觅食。
苏州分布	近年记录于张家港长江西水道；常熟铁黄沙、沙家浜；吴江区同里湿地公园、太湖苏州湾；昆山阳澄东湖湿地公园；吴中区东太湖湿地公园等地。在张家港长江西水道曾记录到 400~500 只大群（2019 年 8 月）。
居留时间	迁徙期 7~8 月。

普通燕鸻 (héng) *Glareola maldivarum*

黑色喉线

翼下棕红

非繁殖羽

英文名 / Oriental Pratincole

形态特征	中型鸻鹬，体长约 25cm。雌雄同型，飞行时翼下棕红色，形似燕。繁殖羽上体棕褐色具橄榄色光泽，黑色喉线连至眼先呈环状；非繁殖羽喉线较淡。幼鸟羽色斑驳。
生境习性	栖息于草地、农田、旱地。喜集群。
苏州分布	近年记录于张家港长江西水道；常熟铁黄沙；吴中区东太湖湿地公园；吴江区同里湿地公园、八坼；太仓白茆口等地。
居留时间	繁殖期 4~9 月。

彩鹬 (yù) *Rostratula benghalensis*

雌性头胸深栗色

雄

英文名 / Greater Painted Snipe

形态特征	中型鸻鹬，体长约 25cm。雌雄异型，外形似沙锥，嘴下垂。雌性头及胸深栗色，眼周白色，背上具白色的"V"形纹；雄性皮黄色。幼鸟似雄性，羽色斑驳。
生境习性	栖息于沼泽型草地、稻田。行走时尾上下摇动，飞行时双腿下悬如秧鸡。
苏州分布	近年记录于张家港长江西水道；常熟铁黄沙；吴江区太湖苏州湾、八坼、胜地公园；昆山天福湿地公园、夏驾河；吴中区太湖苏州湾、东太湖湿地公园等地。
居留时间	繁殖期 4~8 月，偶见于 2 月。

黄脚三趾鹑 (chún) *Turnix tanki*

黑色斑点

英文名 / Yellow-legged Buttonquail

形态特征	小型涉禽，体长约 15cm。雌雄相似，体小而矮胖，体羽棕褐色，脚黄色。上体多黑色斑点，飞行时可见褐色飞羽。
生境习性	栖息于灌木丛、草地、沼泽地及农耕地。性隐蔽。
苏州分布	近年记录于张家港长江西水道等地。
居留时间	迁徙期 4~5 月和 9~10 月。

黑尾鸥 *Larus crassirostris*

尾端黑色

1龄冬羽

英文名 / Black-tailed Gull

形态特征	中型鸥类，体长约47cm。雌雄同型，嘴端黑色，尖端红色，背深灰色，尾羽末端黑色。繁殖羽头白色；非繁殖羽头顶及颈背具深色斑。1龄冬羽体羽褐色；2龄冬羽似成鸟但翼尖褐色，背色斑驳。
生境习性	栖息于沿海滩涂。喜集群。
苏州分布	近年记录于张家港长江西水道、常熟铁黄沙等地。
居留时间	偶见于8月。

海鸥 *Larus canus*

1龄冬羽

非繁殖羽

形态特征	中型鸥类，体长约 45cm。雌雄同型，嘴黄色，背灰色。繁殖羽头白色；非繁殖羽头顶及颈背具深色斑。1龄冬羽体羽灰褐色，尾羽末端黑色，嘴粉红色，尖端黑色。
生境习性	栖息于沿海滩涂、河道沙洲。喜集群。
苏州分布	近年记录于常熟铁黄沙（2019 年 1~3 月）。
居留时间	偶见于冬季。

乌灰银鸥 *Larus heuglini*

背深灰色

脚黄色

飞羽黑色

1龄冬羽

别名 / 灰林银鸥、小黑背银鸥　英文名 / Heuglin's Gull

形态特征	大型鸥类，体长约 60cm。雌雄同型，嘴黄色，下嘴端有红色斑点，背深灰色，脚黄色。繁殖羽头白色；非繁殖羽颈背具深色斑。1 龄冬羽体羽灰褐色，嘴黑略带粉色，飞羽黑褐色，尾端黑色。2 龄冬羽似成鸟，但翼上多斑纹，尾端黑色。
生境习性	栖息于开阔湖泊、河道沙洲。喜与其他银鸥混群。
苏州分布	近年记录于吴江区同里湿地公园、太湖苏州湾；工业园区阳澄湖；常熟铁黄沙。
居留时间	越冬期 11 月至翌年 2 月。

蒙古银鸥 *Larus mongolicus*

背浅灰

浅灰

1龄冬羽

别名 / 黄脚银鸥　英文名 / Mongolian Gull

形态特征	大型鸥类，体长约 60cm。雌雄同型，嘴黄色，下嘴端有红色斑点，背浅灰色，脚粉色或浅黄色。繁殖羽头白色；非繁殖羽颈背具细纵纹。1龄冬羽体羽灰色，嘴黑略带粉色，初级飞羽部分浅灰色，尾端黑色。2龄冬羽似成鸟，但翼上多斑纹，尾端黑色。
生境习性	栖息于开阔湖泊、河道沙洲。喜集群。
苏州分布	常见，多分布于各大湖泊、长江沿岸。
居留时间	越冬期 10 月至翌年 3 月。

西伯利亚银鸥 *Larus vegae*

粗纵纹

别名 / 织女银鸥　英文名 / Vega Gull

形态特征	大型鸥类，体长约62cm。雌雄同型，嘴黄色，下嘴端有红色斑点，背浅灰色，脚粉红色。繁殖羽头白色；非繁殖羽颈背胸具浓密纵纹。1龄冬羽体羽灰色，嘴黑略带粉色，初级飞羽部分浅灰色，尾端黑色较宽，外侧尾羽多斑点。2龄冬羽似成鸟，但翼上多斑纹。
生境习性	栖息于开阔湖泊、河道沙洲。喜集群。
苏州分布	近年记录于工业园区阳澄湖等地。
居留时间	偶见于冬季。

渔鸥 *Ichthyaetus ichthyaetus*

黑色暗斑

英文名 / Pallas's Gull

形态特征	大型鸥类，体长约 68cm。雌雄同型，嘴较粗，黄色尖端红色。繁殖羽头黑色，上下眼睑白色；非繁殖羽头白色，眼周具暗斑，头顶有深色纵纹。1 龄冬羽头白色，体羽灰褐色，尾端黑色。
生境习性	栖息于开阔湖泊、河道沙洲。喜集小群。
苏州分布	近年记录于吴江区同里湿地公园、工业园区阳澄湖等地。
居留时间	偶见于冬季。

红嘴鸥 *Chroicocephalus ridibundus*

嘴鲜红色

1 龄冬羽

英文名 / Black-headed Gull

形态特征	中型鸥类，体长约 40cm。雌雄同型，嘴和脚鲜红色，嘴端黑色，背浅灰色。繁殖羽头深巧克力褐色；非繁殖羽眼后具黑色点斑。1 龄冬羽尾端具黑色横带，翼后缘黑色，体羽杂褐色斑。
生境习性	栖息于沿海浅滩、湖泊。喜集群。
苏州分布	常见。
居留时间	越冬期 10 至翌年 4 月，偶见于 6 月。

黑嘴鸥 *Chroicocephalus saundersi*

繁殖羽

嘴黑，较粗厚

英文名 / Saunders's Gull　保护级别 / VU

形态特征　小型鸥类，体长约 33cm。雌雄同型，嘴黑较粗短，脚暗红色。繁殖羽头黑色；非繁殖羽眼后具黑色点斑。1 龄冬羽尾端具黑色横带，翼后缘黑色，体羽杂褐色斑。

生境习性　栖息于沿海滩涂。

苏州分布　近年记录于吴中区西山太湖（2016 年 1 月）。

居留时间　偶见。

鸥嘴噪鸥 *Gelochelidon nilotica*

嘴较粗厚

形态特征	中型鸥类，体长约39cm。雌雄同型，嘴黑较粗，尾分叉不深。繁殖羽头至颈后黑色；非繁殖羽眼后具黑色点斑。幼鸟嘴偏黄，羽色偏褐。
生境习性	栖息于沿海滩涂、湖泊。喜集群。
苏州分布	近年记录于张家港长江西水道、常熟铁黄沙、昆山天福湿地公园等地。
居留时间	偶见于4月、5月。

红嘴巨鸥 *Hydroprogne caspia*

幼鸟

别名 / 红嘴巨燕鸥　英文名 / Caspian Tern

形态特征	中型鸥类，体长约 49cm。雌雄同型，嘴红色较粗大，尖端黑色，尾分叉不深。繁殖羽头至颈后黑色；非繁殖羽头顶偏白。幼鸟羽色偏褐。
生境习性	栖息于沿海滩涂、湖泊。
苏州分布	近年记录于张家港长江西水道、常熟铁黄沙等地。
居留时间	偶见于 4 月、5 月。

大凤头燕鸥 *Thalasseus bergii*

嘴黄色

英文名 / Greater Crested Tern

形态特征	中型鸥类，体长约 45cm。雌雄同型，嘴黄色，背灰褐色。繁殖羽头顶及冠羽黑色；非繁殖羽的头顶白色、冠羽具灰色杂斑。幼鸟较成鸟灰色深沉，上体具褐色及白色杂斑。
生境习性	栖息于海洋、沿海滩涂。喜集群。
苏州分布	近年记录于张家港长江西水道（2019 年 8 月）。
居留时间	偶见于 8 月。

粉红燕鸥 *Sterna dougallii*

嘴粉红色

英文名 / Roseate Tern

形态特征	中型鸥类，体长约39cm。雌雄同型，嘴粉红色，背浅灰色。繁殖羽头顶及后颈黑色，下体沾粉色；非繁殖羽的头顶白色，嘴黑色。幼鸟羽色灰褐，嘴黑色。
生境习性	栖息于海洋。喜混群于其他燕鸥。
苏州分布	近年记录于常熟铁黄沙（2019年8月）。
居留时间	偶见于8月。

普通燕鸥 *Sterna hirundo*

嘴红色，尖端黑色

尾细长

英文名 / Common Tern

形态特征	小型鸥类，体长约 35cm。雌雄同型，尾叉深。繁殖羽头顶及后颈黑色，嘴红色，尖端黑色；非繁殖羽的头顶白色，嘴黑色。幼鸟羽色灰褐。
生境习性	栖息于沿海水域、滩涂、湖泊。
苏州分布	近年记录于张家港长江西水道、常熟铁黄沙、吴江区太湖苏州湾、相城区阳澄湖湿地公园、吴中区东太湖湿地公园等地。
居留时间	迁徙期 4~5 月和 7~9 月。

白额燕鸥 *Sternula albifrons*

嘴黄色，先端黑色

非繁殖羽

英文名 / Little Tern

形态特征	小型鸥类，体长约 24cm。雌雄同型，尾叉浅。繁殖羽头顶及后颈黑色，嘴黄色，尖端黑色；非繁殖羽的头顶白色，嘴黑色。幼鸟羽色带黄褐色。
生境习性	栖息于沿海水域、滩涂、湖泊。喜集群。
苏州分布	近年记录于张家港长江西水道、常熟铁黄沙、吴江区太湖苏州湾等地。
居留时间	迁徙期 4~6 月和 7~9 月。

乌燕鸥 *Onychoprion fuscatus*

羽色乌灰

英文名 / Sooty Tern

形态特征	中型鸥类，体长约 44cm。雌雄同型，嘴黑，背乌灰色。繁殖羽额白色，头顶及后颈黑色。幼鸟羽色整体乌灰，多斑点。
生境习性	栖息于海洋。
苏州分布	近年记录于张家港长江西水道（2019 年 8 月）。
居留时间	偶见于 8 月。

须浮鸥 *Chlidonias hybrida*

腹部黑色

非繁殖羽

别名 / 灰翅浮鸥　英文名 / Whiskered Tern

形态特征	小型鸥类，体长约 25cm。雌雄同型，脚红色。繁殖羽嘴红色，腹部黑色，背淡灰色；非繁殖羽眼后有黑斑，嘴黑色。幼鸟似非繁殖羽，但背上多褐色。
生境习性	栖息于开阔水域、河道、池塘。喜集群。
苏州分布	常见，近年在吴中区和吴江区太湖水域繁殖个体多达1000~2000 只。
居留时间	繁殖期 4~11 月，偶见于 2 月。

白翅浮鸥 *Chlidonias leucopterus*

非繁殖羽

英文名 / White-winged Tern

形态特征	小型鸥类，体长约 23cm。雌雄同型，嘴黑色。繁殖羽头、腹、翼下黑色，背灰色；非繁殖羽以白色为主，眼后黑斑延伸至眼下。幼鸟似非繁殖羽，但背上多褐色。
生境习性	栖息于开阔水域、河道、池塘。喜集群。
苏州分布	常见，常与须浮鸥混群。
居留时间	迁徙期 4~6 月和 8~9 月，偶见于 7 月。

白顶玄燕鸥 *Anous stolidus*

别名 / 白顶玄鸥　英文名 / Brown Noddy

形态特征	中型鸥类，体长约 39cm。雌雄同型，除头顶近白及眼圈白色外，体羽为全烟褐色。幼鸟的额及头顶深色，眼圈白色，背羽羽尖及翼覆羽近白。
生境习性	栖息于海洋。
苏州分布	近年记录于张家港长江西水道（2019 年 8 月）。
居留时间	偶见于 8 月。

鸽形目
COLUMBIFORMES

珠颈斑鸠 (jiū) *Spilopelia chinensis*

形态特征	中型斑鸠，体长约 32cm。雌雄同型，颈侧明显黑底白点，上体羽色棕褐。飞行时尾羽两端灰白色。
生境习性	栖息于开阔林地、农耕地、社区。多成对活动，喜集群。
苏州分布	甚常见。
居留时间	全年可见。

山斑鸠 (jiū) *Streptopelia orientalis*

黑白色条纹

末端灰白

英文名 / Oriental Turtle Dove

形态特征	中型斑鸠，体长约32cm。雌雄同型，颈侧明显黑白色条纹，上体的羽缘棕色。飞行时尾羽末端灰白色。
生境习性	栖息于开阔林地、农耕区、村庄。多成对活动，喜集群。
苏州分布	常见。
居留时间	全年可见。

火斑鸠 (jiū) *Streptopelia tranquebarica*

雌

英文名 / Red Turtle Dove

形态特征	小型斑鸠，体长约 23cm。雌雄异型，颈后具黑色条纹，飞行时两侧尾羽白色较宽。雄性头偏灰，体羽红褐色；雌性体羽灰褐色。
生境习性	栖息于近水的林地。多成对活动，喜集群。
苏州分布	近年记录于常熟铁黄沙；张家港长江西水道、香山；昆山天福湿地公园；吴江区同里湿地公园、太湖绿洲湿地公园、震泽湿地公园；高新区贡山岛；相城区阳澄湖湿地公园等地。在常熟铁黄沙曾记录到 300~400 只的大群（2018 年 9 月）。
居留时间	繁殖期 5~11 月，偶见于 1 月。

鹃形目
CUCULIFORMES

红翅凤头鹃 *Clamator coromandus*

英文名 / Chestnut-winged Cuckoo

形态特征	大型杜鹃，体长约 45cm。顶冠及凤头黑色，背及尾黑色而带蓝色光泽，翼栗色，喉及胸橙褐色，颈圈白色，腹部近白。幼鸟上体具棕色鳞状纹，喉及胸偏白。
生境习性	栖息于树林。叫声似"呼呼"口哨声。
苏州分布	近年记录于吴中区三山岛湿地公园、渔洋山、七子山、西山；吴江区太湖绿洲湿地公园；高新区贡山岛等地。
居留时间	繁殖期 5~10 月。

鹰鹃 *Hierococcyx sparverioides*

黄色眼圈

英文名 / Large Hawk-Cuckoo

形态特征	中型杜鹃，体长约 40cm。雌雄同型，眼圈黄色，头黑色，胸棕色，具白色及灰色斑纹，腹部具白色及褐色横斑。幼鸟胸腹部为纵纹。
生境习性	栖息于开阔林地。喜单独活动。
苏州分布	近年记录于吴中区三山岛湿地公园、临湖、七子山；吴江区太湖绿洲湿地公园；高新区贡山岛、太湖湿地公园；常熟铁黄沙；姑苏区虎丘湿地等地。
居留时间	繁殖期 4~9 月。

北鹰鹃 *Hierococcyx hyperythrus*

幼鸟胸前纵纹明显

别名 / 棕腹杜鹃　英文名 / Northern Hawk-Cuckoo

形态特征	中型杜鹃，体长约 28cm。雌雄同型，眼圈黄色，上体青灰色，胸棕色，尾具黑褐色横斑，幼鸟胸前纵纹明显。
生境习性	栖息于开阔林地。喜单独活动。
苏州分布	近年记录于渔洋山（2017 年 10 月）。
居留时间	偶见于春、秋季。

大杜鹃 *Cuculus canorus*

虹膜黄色

别名 / 布谷鸟　英文名 / Common Cuckoo

形态特征	中型杜鹃，体长约 32cm。雌雄相似，虹膜黄色。
生境习性	栖息于开阔林地、芦苇。叫声似"布谷"。
苏州分布	常见，分布于多芦苇的各大湖泊、湿地公园。
居留时间	繁殖期 4~9 月。

北方中杜鹃 *Cuculus optatus*

横斑较粗

英文名 / Oriental Cuckoo

形态特征	中型杜鹃，体长约 26cm。雌雄相似，虹膜橙褐色，胸部横斑较粗较宽。
生境习性	栖息于开阔林地。
苏州分布	近年记录于高新区佳世达；吴中区七子山、漫山岛、三山岛湿地公园；常熟铁黄沙、沙家浜湿地公园等地。
居留时间	繁殖期 4~9 月。

小杜鹃 *Cuculus poliocephalus*

虹膜暗褐色

英文名 / Asian Lesser Cuckoo

形态特征	小型杜鹃，体长约 26cm。雌雄相似，虹膜暗褐色，腹部黑色横斑较少。
生境习性	栖息于开阔树林。叫声似"我去买酒喝喝"。
苏州分布	近年记录于常熟铁黄沙、虞山；吴中区三山岛湿地公园、东山；高新区上方山；相城区阳澄湖湿地公园；张家港香山等地。
居留时间	繁殖期 5~9 月。

杜鹃科 Cuculidae

四声杜鹃 *Cuculus micropterus*

黑横带

英文名 / Indian Cuckoo

形态特征	中型杜鹃，体长约 28cm。雌雄相似，虹膜褐色，尾羽末端黑横带。
生境习性	栖息于开阔树林。叫声似"快快收谷"。
苏州分布	常见，近年记录于常熟铁黄沙、沙家浜湿地公园；张家港长江西水道、香山；吴中区穹窿山、漫山岛；吴江区同里湿地公园、太湖绿洲湿地公园；高新区太湖湿地公园、贡山岛；昆山天福湿地公园等地。
居留时间	繁殖期 4~10 月。

噪鹃 *Eudynamys scolopaceus*

虹膜红色

雌

英文名 / Asian Koel

形态特征	大型杜鹃，体长约 42cm。雌雄异型，虹膜红色，嘴绿色。雄性全身黑色；雌性白色杂灰褐色。
生境习性	栖息于茂密树林。性隐蔽。
苏州分布	近年记录于昆山天福湿地公园；常熟沙家浜湿地公园；高新区太湖湿地公园；吴中区太湖湖滨湿地公园、渔洋山；工业园区东沙湖等地。
居留时间	繁殖期 4~5 月。

小鸦鹃 *Centropus bengalensis*

英文名 / Lesser Coucal　保护级别 / 国 II

形态特征	中型杜鹃，体长约 42cm。雌雄同型，体羽黑色，上背及两翼栗色；幼鸟具褐色条纹。
生境习性	栖息于灌木丛、沼泽地带及开阔的芦苇。喜单独或成对活动。
苏州分布	常见，多分布于各大湖泊、湿地公园、丘陵地带。
居留时间	繁殖期 4~10 月。

鸮形目
STRIGIFORMES

草鸮 (xiāo) *Tyto longimembris*

脸盘心形

别名 / 猴面鹰　英文名 / Eastern Grass Owl　保护级别 / 国 II

形态特征	中型鸮类，体长约 35cm。雌雄同型，脸盘心形，胸部的皮黄色较深，上体深褐色，全身多具点斑。幼鸟脸盘皮黄色。
生境习性	栖息于开阔的高草地。性隐蔽。
苏州分布	近年记录于吴江区松陵镇、吴中区穹窿山等地（部分为救助记录）。
居留时间	全年可见。

红角鸮 (xiāo) *Otus sunia*

角状耳羽

别名 / 东方角鸮　英文名 / Oriental Scops Owl　保护级别 / 国 II

形态特征	小型鸮类，体长约 19cm。雌雄同型，具角状耳羽，分为褐色型和棕色型。眼黄色，胸满布黑色条纹。
生境习性	栖息于山林。夜行性。
苏州分布	近年记录于昆山天福湿地公园；吴江区北联村；吴中区七子山、漫山岛、渔洋山；太仓；张家港等地（部分为救助记录）。
居留时间	4~10 月。

领角鸮 (xiāo) *Otus lettia*

英文名 / Collared Scops Owl　保护级别 / 国 II

形态特征	小型鸮类，体长约 24cm。雌雄同型，虹膜暗红色，具角状耳羽及浅沙色颈圈。上体偏灰或沙褐色，下体皮黄色，条纹黑色。
生境习性	栖息于山林。夜行性。
苏州分布	近年记录于张家港双山岛等地（部分为救助记录）。
居留时间	全年可见。

纵纹腹小鸮 (xiāo) *Athene noctua*

眉纹显著

英文名 / Little Owl 保护级别 / 国 II

形态特征	小型鸮类，体长约23cm。雌雄同型，头顶平，虹膜黄色，眉纹显著，上体褐色，具白色纵纹及点斑。下体白色，具褐色杂斑及纵纹。
生境习性	栖息于山林。夜行性。
苏州分布	近年在张家港有救助记录。
居留时间	全年可见。

北鹰鸮 (xiāo) *Ninox japonica*

英文名 / Northern Boobook　保护级别 / 国 II

形态特征	中型鸮类，体长约30cm。雌雄同型，外形似鹰，上体深褐色，下体皮黄色，具宽阔的红褐色纵纹。
生境习性	栖息于山林。夜行性。
苏州分布	近年记录于高新区贡山岛、张家港德积、姑苏区、吴江区、相城区、太仓、昆山等地（部分为救助记录）。
居留时间	迁徙期 4~6 月和 9~10 月。

短耳鸮 (xiāo) *Asio flammeus*

深眼影

英文名 / Short-eared Owl　保护级别 / 国 II

形态特征	中型鸮类，体长约 38cm。雌雄同型，翼长，面庞显著，眼周黑，似"眼影"，耳羽簇短小，上体黄褐色，满布黑色和皮黄色纵纹，下体皮黄色，具深褐色纵纹。
生境习性	栖息于开阔草地。偏日行性。
苏州分布	近年记录于昆山天福湿地公园、保税区；吴江区太湖苏州湾；高新区贡山岛；常熟；太仓等地（部分为救助记录）。
居留时间	越冬期 10 月至翌年 2 月，偶见于 5 月。

长耳鸮 (xiāo) *Asio otus*

虹膜红黄色

英文名 / Long-eared Owl　保护级别 / 国 II

形态特征	中型鸮类，体长约 36cm。雌雄同型，脸盘皮黄色，耳羽簇长，虹膜红黄色，上体褐色，具暗色块斑。
生境习性	栖息于山林。夜行性。
苏州分布	近年记录于昆山天福湿地公园、张家港等地（部分救助记录）。
居留时间	偶见于 10 月、12 月。

夜鷹目
CAPRIMULGIFORMES

普通夜鹰 *Caprimulgus jotaka*

英文名 / Grey Nightjar

形态特征	中型攀禽，体长约 28cm。雌雄相似，体羽斑驳灰色。飞行时翼展长，尾端和飞羽上有白斑。
生境习性	栖息于开阔山林、灌丛。夜行性。
苏州分布	近年记录于昆山天福湿地公园、吴中区七子山、高新区佳世达、姑苏区盘门、张家港沙洲公园等地（部分为救助记录）。
居留时间	繁殖期 4~9 月。

雨燕目
APODIFORMES

短嘴金丝燕 *Aerodramus brevirostris*

腰浅褐色

英文名 / Himalayan Swiftlet

形态特征	小型雨燕，体长约 14cm。雌雄同型，体羽黑褐色，尾略分叉，腰部浅褐色。
生境习性	栖息于开阔的高山峰脊。营巢于岩崖裂缝。也见于低海拔开阔区域。
苏州分布	近年记录于张家港长江西水道；吴中区三山岛湿地公园、渔洋山、漫山岛；昆山天福湿地公园；高新区金墅湾等地。
居留时间	迁徙期 5~9 月。

戈氏金丝燕 *Aerodramus germani*

腰灰白

浅色横斑

英文名 / Germain's Swiftlet

形态特征	小型雨燕，体长约 12cm。雌雄同型，尾略呈叉形，腰灰白色，腹部具浅色横斑。
生境习性	繁殖于海滨岩崖裂缝。也见于低海拔开阔区域。
苏州分布	近年记录于常熟铁黄沙（2018 年 10 月）。
居留时间	偶见于春、秋季。

白喉针尾雨燕 *Hirundapus caudacutus*

眼先白色

英文名 / White-throated Needletail

形态特征	大型雨燕，体长约 20cm。雌雄同型，眼先、喉白色，尾下覆羽白色，飞羽和尾羽具蓝色金属光泽，背褐色，有银白色马鞍形斑块。
生境习性	栖息于山林。喜集群迁徙。
苏州分布	常见，近年多记录于丘陵地带，偶见于吴中区太湖湖滨湿地公园；吴江区太湖绿洲湿地公园；张家港长江西水道等地。在吴中区渔洋山曾记录到 500~600 大群（2017 年 5 月）。
居留时间	迁徙期 4~5 月和 8~10 月。

灰喉针尾雨燕 *Hirundapus cochinchinensis*

喉灰色

英文名 / Silver-backed Needletail　保护级别 / 国 II

形态特征	中型雨燕，体长约 18cm。雌雄同型，眼先褐色，喉偏灰，飞羽和尾羽具蓝色金属光泽，三级飞羽无白色斑块。
生境习性	栖息于山林。
苏州分布	近年记录于张家港凤凰山（2019 年 9 月）。
居留时间	偶见于春、秋季。

雨燕科 Apodidae

普通楼燕 *Apus apus*

鱼鳞状斑纹

英文名 / Common Swift

形态特征	大型雨燕，体长约21cm。雌雄同型，翼展宽，尾略分叉，体羽深褐色，喉偏白，腹部有鱼鳞状斑纹。
生境习性	栖息于山林。
苏州分布	近年记录于张家港长江西水道（2020年6月）。
居留时间	偶见。

白腰雨燕 *Apus pacificus*

尾分叉深

腰白色

英文名 / Pacific Swift

形态特征	大型雨燕，体长约18cm。雌雄同型，翼展宽，尾略分叉深，体羽深褐色，喉偏白，腰白色较窄，腹部有鱼鳞状斑纹。
生境习性	栖息于山林。喜集群。
苏州分布	近年记录于昆山天福湿地公园；吴中区三山岛湿地公园、漫山岛、渔洋山；吴江区同里湿地公园；张家港长江西水道；太仓金仓湖；高新区贡山岛；相城区阳澄湖湿地公园等地。
居留时间	迁徙期5~6月和8~9月，偶见于7月。

小白腰雨燕 *Apus nipalensis*

尾分叉浅

英文名 / House Swift

形态特征	中型雨燕，体长约 15cm。雌雄同型，体短，尾略分叉浅，体羽黑褐色，喉白色，腰白色较宽。
生境习性	栖息于山林。营巢于屋檐下、悬崖或洞穴口。
苏州分布	近年记录于吴中区渔洋山、三山岛湿地公园；张家港凤凰山等地。
居留时间	偶见于 3~9 月。

佛法僧目
CORACIIFORMES

普通翠鸟 *Alcedo atthis*

幼鸟

英文名 / Common Kingfisher

形态特征	小型翠鸟，体长约 15cm。雌雄相似，体金属浅蓝绿色，颈侧具白色点斑，下体橙棕色，颏白色。雄性嘴黑色；雌性颜色较暗淡，下嘴基橙红；幼鸟似雌性，具深色胸带。
生境习性	栖息于湖泊、河流、池塘。筑巢于土坡。
苏州分布	常见。
居留时间	全年可见。

白胸翡翠 *Halcyon smyrnensis*

嘴粗厚

英文名 / White-throated Kingfisher

形态特征	中型翠鸟，体长约 27cm。雌雄同型，嘴粗厚，颏、喉及胸部白色；头、颈及下体余部褐色，上背、翼及尾蓝色鲜亮如闪光，有白色翼斑。
生境习性	栖息于开阔水域、旷野、河流、池塘。性活泼。
苏州分布	近年记录于吴江区同里湿地公园等地。
居留时间	偶见于 7~8 月。

蓝翡翠 *Halcyon pileata*

英文名 / Black-capped Kingfisher

形态特征	中型翠鸟，体长约 30cm。雌雄同型，嘴粗厚鲜红色，头黑色，翼上覆羽黑色，上体亮蓝色，两胁及臀沾棕色，飞行时白色翼斑显见。
生境习性	栖息于开阔水域、河流、池塘。
苏州分布	近年记录于张家港长江西水道、吴中区太湖湖滨湿地公园、吴江区松陵镇等地。
居留时间	偶见于 5 月。

斑鱼狗 *Ceryle rudis*

雌性具一条胸带

雄

英文名 / Pied Kingfisher

形态特征	中型翠鸟，体长约 27cm。雌雄相似，黑白两色，上体黑色而多具白点。下体白色。雄性上胸具两条黑色的胸带；雌性鸟一条胸带，中间断开。
生境习性	栖息于开阔水域、水库。喜在空中悬停觅食。
苏州分布	近年记录于高新区大阳山、白马涧、恩顾山、自来水厂；吴江区太湖苏州湾；常熟铁黄沙；张家港长江西水道；昆山天福湿地公园等地。
居留时间	全年可见。

三宝鸟 *Eurystomus orientalis*

嘴鲜红

浅蓝色翼斑

幼鸟

英文名 / Oriental Dollarbird

形态特征	中型攀禽，体长约 30cm。雌雄同型，具宽阔的红嘴，体羽暗蓝灰色，但喉为亮丽蓝色，飞行时浅蓝色翼斑显著。幼鸟嘴黑色。
生境习性	栖息于开阔山林。飞行时似猛禽，有时遭到小鸟围攻。
苏州分布	常见，多出现于丘陵地带，也记录于吴江区同里湿地公园；昆山天福湿地公园；常熟沙家浜湿地公园、铁黄沙；太仓金仓湖湿地公园等地。
居留时间	繁殖期 5~9 月。

蓝喉蜂虎 *Merops viridis*

尾羽甚长

英文名 / Blue-throated Bee-eater

形态特征	中型蜂虎，体长约28cm。雌雄同型，头顶及上背巧克力色，过眼线黑色，喉蓝色，翼蓝绿色，腰及长尾浅蓝色，下体浅绿色。尾羽甚长。
生境习性	栖息于开阔原野、山林。繁殖期群鸟聚于多沙地带。
苏州分布	近年记录于高新区贡山岛（2016年5月）。
居留时间	偶见于5月。

蜂虎科 Meropidae

佛法僧目 **221**

犀鸟目
BUCEROTIFORMES

戴胜 *Upupa epops*

英文名 / Common Hoopoe

形态特征	中型攀禽，体长约 60cm。雌雄同型，嘴长且下弯，羽冠长可耸立。体羽棕黄色，两翼及尾具黑白相间的条纹。
生境习性	栖息于草地。受惊时羽冠立起。
苏州分布	常见。
居留时间	全年可见。

啄木鸟目

PICIFORMES

蚁䴕 (liè) *Jynx torquilla*

体羽斑驳

英文名 / Eurasian Wryneck

形态特征	小型啄木鸟，体长约 17cm。雌雄同型，体羽斑驳杂乱，下体具小横斑。嘴相对短，呈圆锥形。
生境习性	栖息于树林。通常单独活动；取食地面蚂蚁。
苏州分布	近年记录于吴江区太湖绿洲湿地公园；高新区太湖湿地公园、佳世达；吴中区东山、漫山岛；张家港长江西水道等地。
居留时间	越冬期 10 月至翌年 4 月，偶见于 8 月。

斑姬啄木鸟 *Picumnus innominatus*

黑色斑点

英文名 / Speckled Piculet

形态特征	小型啄木鸟，体长约 10cm。雌雄相似，橄榄色背似山雀，下体多具黑色斑点，脸及尾部具黑白色纹。雄性前额橘黄色。
生境习性	栖息于山林、开阔树林。喜单独活动。
苏州分布	近年记录于吴中区穹窿山、渔洋山、七子山；张家港香山；常熟虞山、沙家浜湿地公园；吴江区同里湿地公园、太湖绿洲湿地公园；高新区上方山、何山；相城区阳澄湖湿地公园等地。
居留时间	全年可见。

棕腹啄木鸟 *Dendrocopos hyperythrus*

腹部棕红色

英文名 / Rufous-bellied Woodpecker

形态特征	中型啄木鸟，体长约20cm。雌雄相似，头侧及下体棕红色，臀红色。雄性顶冠及枕红色；雌性顶冠黑而具白点。
生境习性	栖息于山林、开阔树林。喜单独活动。
苏州分布	近年记录于工业园区东沙湖（2007年12月）。
居留时间	偶见。

大斑啄木鸟 *Dendrocopos major*

臀部红

英文名 / Great Spotted Woodpecker

形态特征	中型啄木鸟，体长约 24cm。雌雄相似，脸颊白色，背黑色带白色斑点，臀部红色，腹部浅褐色。雄性枕部红色。
生境习性	栖息于山林、开阔树林。凿树洞营巢。
苏州分布	近年记录于昆山天福湿地公园、阳澄东湖湿地公园；常熟沙家浜湿地公园、尚湖；吴江太湖绿洲湿地公园；高新区太湖湿地公园；工业园区东沙湖；姑苏区苏州大学等地。
居留时间	全年可见。

雀形目
PASSERIFORMES

仙八色鸫 *Pitta nympha*

尾短

英文名 / Fairy Pitta　保护级别 / 国 II，VU

形态特征	中型鸣禽，体长约 20cm。雌雄同型，尾短，色彩艳丽，有黑色眼罩，下体色浅且多灰色，翼及腰部具醒目的天蓝色斑块。
生境习性	栖息于山林。
苏州分布	近年记录于常熟虞山、太仓、吴江区、姑苏区等地（多为救助记录）。
居留时间	繁殖期 6~9 月。

暗灰鹃鵙 (jú) *Lalage melaschistos*

雄

英文名 / Black-winged Cuckooshrike

形态特征	中型鸣禽，体长约 23cm。雌雄相似，体羽灰色，翅较深。雄性青灰色；雌性羽色较浅，有白色眼圈。
生境习性	栖息于开阔树林。
苏州分布	近年记录于常熟沙家浜湿地公园、昆承湖；高新区贡山岛、太湖湿地公园、佳世达；吴江区同里湿地公园；吴中区太湖湖滨湿地公园；张家港长江西水道、双山岛等地。
居留时间	繁殖期 4~8 月。

小灰山椒鸟 *Pericrocotus cantonensis*

白眉纹过眼后

白色翼斑

英文名 / Swinhoe's Minivet

形态特征	小型鸣禽，体长约 18cm。雌雄相似，白眉纹过眼后，腰及尾上覆羽浅皮黄色，腹部偏灰色。雌鸟褐色较浓。飞行时，可见明显白色翼斑。
生境习性	栖息于山林、开阔树林。性活跃，喜集群。
苏州分布	常见，多分布于丘陵地带，也记录于张家港长江西水道、张家港湾；常熟昆承湖；吴江区太湖绿洲湿地公园；昆山天福湿地公园；姑苏区虎丘湿地；工业园区东沙湖等地。
居留时间	繁殖期 4~10 月。

灰山椒鸟 *Pericrocotus divaricatus*

前额白色

雌

英文名 / Ashy Minivet

形态特征	中型鸣禽，体长约 20cm。雌雄相似，前额白色不过眼，下体白色，腰灰色。雄性头黑色；雌鸟色浅而多灰色。
生境习性	栖息于树林。
苏州分布	近年记录于吴江区同里湿地公园、昆山阳澄东湖湿地公园、张家港香山、吴中区东太湖等地。
居留时间	迁徙期 4~5 月和 9~10 月。

灰喉山椒鸟 *Pericrocotus solaris*

雌性体羽黄色

喉灰色

雄

形态特征	小型鸣禽，体长约 17cm。雌雄异型，喉灰色。雄性体羽红色，喉及耳羽暗深灰色；雌鸟体羽黄色。
生境习性	栖息于山林。性活跃。
苏州分布	近年记录于吴中区穹窿山、渔洋山；吴江区同里湿地公园等地。
居留时间	偶见于 11 月至翌年 3 月。

赤红山椒鸟 *Pericrocotus speciosus*

额黄色

雌性体羽黄色

雄

英文名 / Scarlet Minivet

英文名 / Scarlet Minivet

形态特征	小型鸣禽，体长约19cm。雌雄异型。雄性头黑色，体羽红色，翼上两道红色斑纹；雌性体羽黄色，喉和额黄色，翼上斑纹黄色。
生境习性	栖息于山林。性活跃。
苏州分布	近年记录于吴江区同里湿地公园(2020年1月)。
居留时间	偶见。

棕背伯劳 *Lanius schach*

幼鸟

英文名 / Long-tailed Shrike

形态特征	大型伯劳，体长约 25cm。雌雄同型，尾长，头灰色，背棕色，翼有一白色斑。幼鸟羽色斑驳，多细横纹。
生境习性	栖息于草地、灌丛、芦苇、农耕地、树林、社区。喜站于高处，模仿其他鸟鸣。
苏州分布	甚常见。
居留时间	全年可见。

红尾伯劳 *Lanius cristatus*

幼鸟

英文名 / Brown Shrike

形态特征	中型伯劳，体长约 20cm。雌雄相似，体羽淡褐色，尾红褐色。各亚种间差异较大。幼鸟背及体侧具深褐色的鳞状斑纹。
生境习性	栖息于农耕地、开阔树林。
苏州分布	常见。
居留时间	繁殖期 4~10 月。

牛头伯劳 *Lanius bucephalus*

头顶褐色

雌

英文名 / Bull-headed Shrike

形态特征	中型伯劳，体长约 19cm。雌雄异型，头顶褐色。雄性眼罩黑色，眉纹白色，背灰褐色；雌性褐色较重。
生境习性	栖息于山林、农耕地。喜单独活动。
苏州分布	近年记录于吴中区三山岛湿地公园、渔洋山、漫山岛；张家港长江西水道、双山岛；昆山天福湿地公园、夏驾河；吴江区同里湿地公园；常熟虞山等地。
居留时间	越冬期 10 月至翌年 5 月。

虎纹伯劳 *Lanius tigrinus*

背棕红色

幼鸟

英文名 / Tiger Shrike

形态特征	中型伯劳，体长约 19cm。雌雄相似，背棕红色，有黑色横斑。雄性头灰色，黑色眼罩，下体白色；雌性眼先及眉纹色浅，下体多横纹。幼鸟眼罩模糊，头棕色，下体多横纹。
生境习性	栖息于山林、开阔树林。
苏州分布	近年记录于高新区太湖湿地公园、贡山岛；吴江区同里湿地公园；太仓白茆口；常熟沙家浜湿地公园等地。
居留时间	偶见于春、秋季。

楔 (xiē) 尾伯劳 *Lanius sphenocercus*

英文名 / Chinese Grey Shrike

形态特征	大型伯劳，体长约31cm。雌雄同型，体羽灰色，眼罩黑色，眉纹白，两翼黑色并具粗的白色横纹。
生境习性	栖息于平原、灌丛、农耕地及林缘。
苏州分布	近年记录于常熟铁黄沙、泥仓溇湿地公园；张家港长江西水道；吴中区东太湖湿地公园；昆山天福湿地公园等地。
居留时间	越冬期10月至翌年2月，偶见于9月。

黑枕黄鹂 (lí) *Oriolus chinensis*

黑色贯眼纹

幼鸟

英文名 / Black-naped Oriole

形态特征	中等体型，体长约 26cm。雌雄同型，体羽金黄色，贯眼纹黑色。幼鸟腹部浅黄色，具纵纹，贯眼纹模糊。
生境习性	栖息于茂密树林。叫声洪亮。
苏州分布	常见。
居留时间	繁殖期 4~9 月。

黑卷尾 *Dicrurus macrocercus*

幼鸟

英文名 / Black Drongo

形态特征	中等体型，体长约 30cm。雌雄同型，体羽蓝黑色具金属光泽，尾长而叉深。幼鸟腹部具白色横纹。
生境习性	栖息于开阔树林、农耕地。
苏州分布	常见。
居留时间	繁殖期 4~9 月，偶见于 1 月。

灰卷尾 *Dicrurus leucophaeus*

脸偏白

英文名 / Ashy Drongo

形态特征	中等体型，体长约28cm。雌雄同型，体羽灰色，脸偏白，尾长而深开叉。
生境习性	栖息于开阔林地。
苏州分布	近年记录于张家港长江西水道；吴中区太湖湖滨湿地公园、渔洋山；高新区佳世达、贡山岛；昆山夏驾河等地。
居留时间	迁徙期5~6月和9~10月。

发冠卷尾 *Dicrurus hottentottus*

英文名 / Hair-crested Drongo

形态特征	中等体型，体长约 32cm。雌雄同型，头具丝状羽冠，体羽具绿色金属光泽，尾长而分叉，外侧羽端钝而上翘。
生境习性	栖息于开阔山林。
苏州分布	近年记录于吴中区漫山岛、穹窿山、七子山、三山岛湿地公园；高新区佳世达、贡山岛；相城区阳澄湖湿地公园等地。
居留时间	繁殖期 5~10 月。

紫寿带 *Terpsiphone atrocaudata*

雄

英文名 / Japanese Paradise-flycatcher 保护级别 / NT

形态特征	中等体型，体长约 20cm。雌雄异型，胸腹界限模糊，雄性繁殖羽尾长，具蓝色眼圈，背近紫色；雌性尾短头顶色彩较暗。
生境习性	栖息于开阔树林。
苏州分布	近年记录于高新区太湖湿地公园、姑苏区虎丘湿地、常熟虞山等地。
居留时间	迁徙期 5~6 月和 9~10 月。

寿带 *Terpsiphone incei*

白色型

雌

形态特征	中等体型，体长约 22cm。雌雄异型，胸腹界限清晰。雄性分白色型和褐色型，繁殖羽尾甚长，头蓝黑色，具蓝色眼圈；雌性尾短，背棕褐色。
生境习性	栖息于开阔树林。
苏州分布	近年记录于吴江区太湖绿洲湿地公园、同里湿地公园；昆山天福湿地公园、阳澄东湖湿地公园；高新区贡山岛、狮山、佳世达；吴中区穹窿山；工业园区东沙湖等地。
居留时间	繁殖期 5~9 月。

松鸦 *Garrulus glandarius*

鸦科 Corvidae

英文名 / Eurasian Jay

形态特征	小型鸦类，体长约 35cm。雌雄同型，黑色髭纹，体羽粉褐色，翼上具蓝色斑纹和白色斑块，腰白色。
生境习性	栖息于山林。
苏州分布	近年记录于张家港香山 (2016 年 10 月)。
居留时间	偶见于 10 月。

红嘴蓝鹊 *Urocissa erythroryncha*

英文名 / Red-billed Blue Magpie

形态特征	大型鸦类，体长约 68cm。雌雄同型，嘴红色，头黑色而顶冠白色，体羽亮蓝色，尾长。
生境习性	栖息于山林。性喧闹。
苏州分布	近年记录于吴中区西山、叶山岛、渔洋山、漫山岛、三山岛湿地公园；昆山天福湿地公园；张家港长江西水道等地。
居留时间	全年可见。

喜鹊 *Pica serica*

肩羽白色

英文名 / Oriental Magpie

形态特征	中型鸦类，体长约 45cm。雌雄同型，头黑色，下体白色，尾长黑色，两翼和尾具蓝色辉光。飞行时可见白色的肩羽和初级飞羽。
生境习性	栖息于农耕地、草地、芦苇、树林。喜集群。
苏州分布	甚常见。
居留时间	全年可见。

灰喜鹊 *Cyanopica cyanus*

头罩黑色

英文名 / Azure-winged Magpie

形态特征	小型鸦类，体长约35cm。雌雄同型，体羽蓝灰色，头顶黑色，两翼天蓝色，尾长并呈蓝色。
生境习性	栖息于开阔树林。喜集群，性吵嚷。
苏州分布	常见。
居留时间	全年可见。

灰树鹊 *Dendrocitta formosae*

英文名 / Grey Treepie

形态特征	中型鸦类，体长约38cm。雌雄同型，体羽褐灰色，眼罩黑色，臀棕色，翼上具白点。
生境习性	栖息于山林。性吵扰。
苏州分布	常见，多分布于丘陵地带，也记录于吴江区太湖绿洲湿地公园、常熟昆承湖、张家港长江西水道、姑苏区虎丘湿地等地。
居留时间	全年可见。

秃鼻乌鸦 *Corvus frugilegus*

嘴基部灰白色

幼鸟

英文名 / Rook

形态特征	中型乌鸦，体长约 47cm。雌雄同型，头顶显圆拱形，嘴基部裸露皮肤浅灰白色。幼鸟嘴基部黑色。
生境习性	栖息于开阔区域、农田。喜集群。
苏州分布	近年记录于吴中区临湖、太湖苏州湾、太湖湖滨湿地公园；张家港长江西水道等地。在吴中区临湖曾记录到 500~1000 只大群。
居留时间	越冬期 11 月至翌年 3 月。

小嘴乌鸦 *Corvus corone*

额弓较低

英文名 / Carrion Crow

形态特征	中型鸦类，体长约50cm。雌雄同型，嘴基部黑色，额弓较低。
生境习性	栖息于农耕地、草地。喜集群。
苏州分布	近年记录于吴中区临湖、张家港长江西水道、高新区贡山岛等地。
居留时间	越冬期 10 月至翌年 3 月。

大嘴乌鸦 *Corvus macrorhynchos*

嘴粗厚

英文名 / Large-billed Crow

形态特征 中型鸦类，体长约50cm。雌雄同型，嘴甚粗厚，额弓较高。

生境习性 栖息于山林。

苏州分布 近年记录于吴中区东山。

居留时间 偶见。

达乌里寒鸦 *Coloeus dauuricus*

颈部白色

幼鸟
略沾灰白色

形态特征	小型鸦类，体长约 32cm。雌雄同型，体羽黑色，成鸟颈部白色斑纹延至胸下。幼鸟颈部略沾灰白色。
生境习性	栖息于开阔地、农田。喜混群于其他乌鸦。
苏州分布	近年记录于吴中区临湖、张家港长江西水道等地。
居留时间	越冬期 11 月至翌年 3 月。

白颈鸦 *Corvus torquatus*

颈白色

英文名 / Collared Crow

形态特征	中型乌鸦，体长约 54cm。雌雄同型，嘴粗厚，颈背及胸带白色。
生境习性	栖息于平原、农耕地、河滩。
苏州分布	近年记录于张家港长江西水道 (2020 年 7 月)。
居留时间	偶见。

太平鸟 *Bombycilla garrulus*

尾尖端黄色

英文名 / Bohemian Waxwing

形态特征	体型略大，体长约 18cm。雌雄同型，体羽粉褐色，尾尖端为黄色。
生境习性	栖息于山林、开阔山林。
苏州分布	近年记录于常熟尚湖；相城区月季公园；姑苏区文庙、盘门等地。
居留时间	越冬期 12 月至翌年 4 月。

太平鸟科 Bombycillidae

小太平鸟 *Bombycilla japonica*

尾尖端红色

英文名 / Japanese Waxwing   保护级别 / NT

形态特征	体型略小，体长约 16cm。雌雄同型，体羽粉褐色，尾尖端为绯红色。
生境习性	栖息于山林、开阔山林。
苏州分布	近年记录于常熟尚湖、沙家浜湿地公园；相城区月季公园；姑苏区文庙、留园；张家港凤凰山、滨江公园；工业园区东沙湖；吴江区太湖绿洲湿地公园、同里湿地公园；吴中区太湖苏州湾；太仓白茆口；昆山锦溪湿地公园等地。
居留时间	越冬期 12 月至翌年 4 月。

方尾鹟 *Culicicapa ceylonensis*

英文名 / Grey-headed Canary Flycatcher

形态特征	体型较小，体长约 15cm。雌雄同型，头偏灰，略具冠羽，上体橄榄色，下体黄色。
生境习性	栖息于山林。
苏州分布	近年记录于高新区树山 (2008 年 5 月)。
居留时间	偶见。

远东山雀 *Parus minor*

黑色胸带

幼鸟

别名 / 大山雀、白颊山雀　英文名 / Japanese Tit

形态特征	大型山雀，体长约 14cm。雌雄同型，脸颊白色，背羽淡绿色，胸前黑色带延伸至腹部。
生境习性	栖息于山林、开阔树林、灌丛、芦苇。
苏州分布	常见。
居留时间	全年可见。

黄腹山雀 *Pardaliparus venustulus*

雌

英文名 / Yellow-bellied Tit

形态特征	小型山雀，体长约 10cm。雌雄异型，头黑色，脸颊白色，下体黄色，翼上具白斑，尾短。雌性羽色较浅。
生境习性	栖息于山林、开阔树林。喜集群，性活跃。
苏州分布	常见。
居留时间	越冬期 10 月至翌年 4 月。

杂色山雀 *Sittiparus varius*

英文名 / Varied Tit

形态特征	小型山雀，体长约12cm。雌雄同型，头为黑色和浅棕色，上体灰色，下体栗褐色。
生境习性	栖息于山林、开阔树林。
苏州分布	近年记录于吴江区太湖绿洲湿地公园、昆山等地。
居留时间	偶见。

中华攀雀 *Remiz consobrinus*

雌

英文名 / Chinese Penduline Tit

形态特征	小型鸣禽，体长约 11cm。雌雄异型，嘴短小，顶冠灰色。雄性眼罩黑，背褐色；雌性及幼鸟似雄性但色暗淡，眼罩略呈深褐色。
生境习性	栖息于芦苇。喜集群；取食芦苇中昆虫。
苏州分布	常见。
居留时间	越冬期 10 月至翌年 5 月。

白头鹎 (bēi) *Pycnonotus sinensis*

眼后白色

幼鸟

英文名 / Light-vented Bulbul

形态特征	中型鹎类，体长约 18cm。雌雄同型，体羽橄榄色，眼后白色宽纹伸至颈背，黑色的头顶略具羽冠，喉白色。幼鸟头橄榄色，胸具灰色横纹。
生境习性	栖息于树林、村落、城市。性活泼。
苏州分布	甚常见。
居留时间	全年可见。

黄臀鹎 (bēi) *Pycnonotus xanthorrhous*

臀黄色

英文名 / Brown-breasted Bulbul

形态特征	中型鹎类，体长约 20cm。雌雄同型，体羽灰褐色，顶冠及颈背黑色，具淡色耳斑，臀鲜黄色。
生境习性	栖息于山林。
苏州分布	近年记录于高新区贡山岛；吴中区三山岛湿地公园、西山等地。
居留时间	偶见于 3 月、5 月。

领雀嘴鹎 (bēi) *Spizixos semitorques*

嘴厚重

英文名 / Collared Finchbill

形态特征	大型鹎类，体长约 23cm。雌雄同型，体羽偏绿色，嘴厚重象牙色，头及喉偏黑，胸前白色带。
生境习性	栖息于山林、开阔树林。性吵嚷。
苏州分布	常见，多分布于丘陵地带，也记录于吴江区同里湿地公园、昆山天福湿地公园、常熟沙家浜湿地公园等地。
居留时间	全年可见。

栗背短脚鹎 (bēi) *Hemixos castanonotus*

背栗色

英文名 / Chestnut Bulbul

形态特征	中型鹎类，体长约 21cm。雌雄同型，上体栗褐色，头顶深褐色而略具羽冠，喉至腹部偏白，飞羽和尾羽较深。
生境习性	栖息于山林、开阔树林。
苏州分布	近年记录于吴江区同里湿地公园、震泽湿地公园；吴中区漫山岛、三山岛湿地公园、石湖；常熟虞山；姑苏区虎丘湿地等地。
居留时间	全年可见。

绿翅短脚鹎 (bēi) *Ixos mcclellandii*

背橄榄色

英文名 / Mountain Bulbul

形态特征	大型鹎类，体长约24cm。雌雄同型，嘴细长，体羽橄榄色，羽冠短褐色，颈背及上胸棕色，喉偏白而具纵纹。
生境习性	栖息于山林、开阔树林。
苏州分布	近年记录于吴江区同里湿地公园、太湖绿洲湿地公园；张家港沙洲公园；吴中区临湖等地。
居留时间	全年可见。

黑短脚鹎 (bēi) *Hypsipetes leucocephalus*

头白色

幼鸟

英文名 / Black Bulbul

形态特征	中型鹎类，体长约 20cm。雌雄同型，嘴、脚及眼亮红色，头至胸部白色，体羽黑色。幼鸟头黑色，略沾白色。
生境习性	栖息于山林、开阔树林。性活跃。
苏州分布	常见，多分布山林，也记录于吴江区同里湿地公园、张家港长江西水道、昆山天福湿地公园等地。
居留时间	繁殖期 4~10 月，偶见于 1 月、2 月。

戴菊 *Regulus regulus*

雌

英文名 / Goldcrest

形态特征	小型鸣禽，体长约 9cm。雌雄相似，体羽橄榄绿色，眼圈灰白色，翼上具黑白色斑块。雄性顶冠金黄色或橙红色，两侧黑色，可耸立；雌性顶冠黄色。
生境习性	栖息于针叶林、开阔树林。喜单独或成对活动。
苏州分布	常见。
居留时间	越冬期 10 月至翌年 4 月。

鳞头树莺 *Urosphena squameiceps*

尾短

树莺科 Cettiidae

英文名 / Asian Stubtail

形态特征	小型树莺，体长约 10cm。雌雄同型，尾短，贯眼纹深色，眉纹浅色，上体纯褐色，下体近白，两胁及臀皮黄色。
生境习性	栖息于灌丛。性隐蔽。
苏州分布	近年记录于高新区大阳山、张家港凤凰山等地。
居留时间	迁徙期 4~5 月和 9~10 月。

强脚树莺 *Horornis fortipes*

眉纹较长

英文名 / Brownish-flanked Bush Warbler

形态特征	小型树莺，体长约 12cm。雌雄同型，皮黄色眉纹较长，体羽暗褐色，下体偏白而染褐黄。幼鸟黄色较多。
生境习性	栖息于灌丛。性活跃，叫声似"你回去"。
苏州分布	常见，多分布于丘陵地带，也记录于常熟铁黄沙、沙家浜湿地公园；吴江区同里湿地公园；太仓白茆口；昆山天福湿地公园；高新区太湖湿地公园等地。
居留时间	全年可见。

远东树莺 *Horornis canturians*

棕褐色

英文名 / Manchurian Bush Warbler

形态特征	大型树莺，体长约 17cm。雌雄相似，皮黄色的眉纹显著，头顶棕褐色，贯眼纹深褐色，体羽棕色。
生境习性	栖息于灌丛。叫声洪亮。
苏州分布	常见。
居留时间	繁殖期 4~10 月，偶见于 1 月、12 月。

棕脸鹟莺 *Abroscopus albogularis*

脸棕色

幼鸟

英文名 / Rufous-faced Warbler

形态特征	小型树莺，体长约 10cm。雌雄同型，头栗色，具黑色侧冠纹，上体绿色，下体白色，颏及喉杂黑色点斑，上胸沾黄。幼鸟脸上栗色较淡。
生境习性	栖息于竹林。叫声似电话铃声。
苏州分布	常见，多分布于丘陵地带，也记录于吴江区同里湿地公园。
居留时间	全年可见。

栗头鹟莺 *Phylloscopus castaniceps*

头栗红色

英文名 / Chestnut-crowned Warbler

形态特征	小型树莺，体长约 9cm。雌雄同型，顶冠红褐色，侧顶纹及过眼纹黑色，眼圈白色，脸颊灰色，体羽橄榄色，翼斑黄色。
生境习性	栖息于山林。
苏州分布	近年记录于张家港香山 (2017 年 4 月)。
居留时间	偶见。

褐柳莺 *Phylloscopus fuscatus*

眉纹前段白

英文名 / Dusky Warbler

形态特征	小型柳莺，体长约 11cm。雌雄同型，眉纹前段白色，后段皮黄色，体羽棕色，飞羽有橄榄绿色的翼缘。
生境习性	栖息于灌丛、芦苇。性隐蔽。
苏州分布	常见。
居留时间	越冬期 10 月至翌年 4 月。

巨嘴柳莺 *Phylloscopus schwarzi*

嘴粗厚

英文名 / Radde's Warbler

形态特征	中型柳莺，体长约 12cm。雌雄同型，嘴粗厚，体羽橄榄褐色，眉纹前段皮黄色，眼后奶油白色。
生境习性	栖息于灌丛、树林。
苏州分布	近年记录于吴中区三山岛湿地公园、吴江区同里湿地公园等地。
居留时间	偶见于春、秋季。

黄腰柳莺 *Phylloscopus proregulus*

顶纹显著

腰柠檬黄

英文名 / Pallas's Leaf Warbler

形态特征	小型柳莺，体长约 9cm。雌雄同型，体羽橄榄绿色，具黄色的粗眉纹和明显的顶纹，腰柠檬黄色，具两道翼斑。
生境习性	栖息于树林、灌丛、芦苇。性活泼。
苏州分布	常见。
居留时间	9 月至翌年 4 月。

黄眉柳莺 *Phylloscopus inornatus*

三级飞羽羽缘白色

英文名 / Yellow-browed Warbler

形态特征	中型柳莺，体长约 11cm。雌雄同型，体羽橄榄绿色，具淡黄色的粗眉纹，顶纹不清晰，具两道粗翼斑，三级飞羽羽缘白色。
生境习性	栖息于树林、灌丛、芦苇。性活泼。
苏州分布	常见，春季较活跃。
居留时间	9 月至翌年 5 月。

堪察加柳莺 *Phylloscopus examinandus*

下体略带黄色

英文名 / Kamchatka Leaf Warbler

形态特征	中型柳莺，体长约 12cm。雌雄同型，体羽橄榄绿色，下体略带黄色，具黄白色的粗眉纹，具一道白色粗翼斑和一条淡色翼斑。
生境习性	栖息于树林、灌丛。叫声与极北柳莺有差异。
苏州分布	近年记录于相城区阳澄湖湿地公园；吴中区三山岛湿地公园、漫山岛；高新区贡山岛；姑苏区虎丘湿地、运河公园等地。
居留时间	迁徙期 5~6 月和 8~9 月。

极北柳莺 *Phylloscopus borealis*

淡色翼斑

英文名 / Arctic Warbler

形态特征	中型柳莺，体长约 12cm。雌雄同型，体羽橄榄绿色，具黄白色的粗眉纹，具一道白色粗翼斑和一条淡色翼斑。
生境习性	栖息于树林、灌丛、芦苇。性活泼。
苏州分布	常见。
居留时间	迁徙期 4~5 月和 9~10 月。

双斑绿柳莺 *Phylloscopus plumbeitarsus*

脚黑色

形态特征	中型柳莺，体长约 12cm。雌雄同型，下嘴全黄色，脚黑色。体羽橄榄绿色，眉纹白色，具两道翼斑。
生境习性	栖息于树林。
苏州分布	近年记录于姑苏区虎丘湿地 (2019 年 5 月)。
居留时间	偶见于 5 月。

淡脚柳莺 *Phylloscopus tenellipes*

脚浅色

别名 / 灰脚柳莺　英文名 / Pale-legged Warbler

形态特征	中型柳莺，体长约 11cm。雌雄同型，脚浅色。体羽橄榄褐色，白色长眉纹，具两道浅色翼斑。
生境习性	栖息于灌木。
苏州分布	近年记录于吴江区同里湿地公园、昆山天福湿地公园、常熟沙家浜湿地公园、高新区佳世达等地。
居留时间	迁徙期 4~5 月。

冕柳莺 *Phylloscopus coronatus*

嘴长，下嘴鲜黄

臀下柠檬黄

英文名 / Eastern Crowned Warbler

形态特征	中型柳莺，体长约 12cm。雌雄同型，嘴长，下嘴鲜黄色。头深绿色，白色眉纹和顶纹显著，体羽橄榄绿色，具一道黄色翼斑，臀部柠檬黄色。
生境习性	栖息于山林、开阔树林。
苏州分布	常见。
居留时间	迁徙期 4~5 月和 9~10 月。

冠纹柳莺 *Phylloscopus claudiae*

英文名 / Claudia's Leaf Warbler

形态特征	中型柳莺，体长约 11cm。雌雄同型，体羽绿色，眉纹和顶纹白色，下体白色染黄，具两道黄色翼斑。
生境习性	栖息于山林。
苏州分布	近年记录于高新区树山 (2008 年 4 月)。
居留时间	偶见。

黑眉柳莺 *Phylloscopus ricketti*

下体和眉纹黄色

英文名 / Sulphur-breasted Warbler

形态特征	中型柳莺，体长约 11cm。雌雄同型，体羽亮绿色，眼纹及侧顶纹黑绿色，下体和眉纹鲜黄色，具两道翼斑。
生境习性	栖息于山林。
苏州分布	近年记录于太仓江滩湿地 (2020 年 4 月)。
居留时间	偶见。

黑眉苇莺 *Acrocephalus bistrigiceps*

眉纹上黑色下皮黄色

英文名 / Black-browed Reed Warbler

形态特征	中型苇莺，体长约 13cm。雌雄同型，体羽褐色，眉纹上黑色下皮黄白色，下体偏白。
生境习性	栖息于芦苇、高草地。性隐蔽。
苏州分布	常见。
居留时间	迁徙期 4~5 月和 9~10 月。

东方大苇莺 *Acrocephalus orientalis*

嘴粗大

英文名 / Oriental Reed Warbler

形态特征	大型苇莺，体长约 19cm。雌雄同型，嘴粗大，体羽褐色，眉纹皮黄白色，下体偏白。求偶期羽冠耸立。
生境习性	栖息于芦苇、沼泽、灌丛。繁殖期活跃，喜站立高处鸣唱。
苏州分布	常见。
居留时间	繁殖期 4~10 月。

厚嘴苇莺 *Arundinax aedon*

脸偏白

英文名 / Thick-billed Warbler

形态特征	大型苇莺，体长约 20cm。雌雄同型，嘴粗短，体羽褐色，脸偏白，下体偏白。
生境习性	栖息于芦苇、沼泽、灌丛。
苏州分布	近年记录于姑苏区虎丘湿地、张家港长江西水道。
居留时间	偶见于 5 月。

矛斑蝗莺 *Locustella lanceolata*

黑色纵纹

英文名 / Lanceolated Warbler

形态特征	小型蝗莺，体长约 12cm。雌雄同型，上体橄榄色，头顶至背部具黑色纵纹，下体褐色，两胁黑色纵纹。脚肉色。
生境习性	栖息于芦苇、沼泽、灌丛。性隐蔽。
苏州分布	近年记录于张家港双山岛；昆山天福湿地公园、夏驾河；常熟沙家浜湿地公园；吴中区漫山岛、双山岛湿地公园；高新区大阳山等地。
居留时间	迁徙期 5~6 月和 9~10 月。

北蝗莺 *Helopsaltes ochotensis*

脚肉色

英文名 / Middendorff's Grasshopper Warbler

形态特征	中型蝗莺，体长约 12cm。雌雄同型，上体橄榄褐色，两胁皮黄褐色，腹部近白。脚肉色。
生境习性	栖息于芦苇、沼泽、灌丛。性隐蔽。
苏州分布	近年记录于张家港长江西水道、吴中区漫山岛等地。
居留时间	迁徙期 5~6 月和 9~10 月。

斑背大尾莺 *Helopsaltes pryeri*

尾长而宽

炫耀飞行

英文名 / Marsh Grassbird

形态特征	中型蝗莺，体长约 16cm。雌雄同型，眉纹近白色，上体棕褐而满布黑色纵纹，下体偏白，两胁及胸侧浅铜色，尾长而宽。
生境习性	栖息于芦苇荡、灌丛、农田。性隐蔽，繁殖期频繁地边鸣唱边炫耀飞行。
苏州分布	近年记录于常熟铁黄沙、张家港长江西水道。
居留时间	偶见于 3~6 月。

棕扇尾莺 *Cisticola juncidis*

黑褐色斑纹

英文名 / Zitting Cisticola

形态特征	体型较小，体长约 10cm。雌雄同型，具浅色眉纹，体羽棕褐色，上体多黑褐色纵纹，腰黄褐色。尾短，尾端有白点。
生境习性	栖息于芦苇、灌丛、农田、高草地。性活跃。
苏州分布	常见。
居留时间	全年可见。

纯色山鹪(jiāo) 莺 *Prinia inornata*

别名 / 褐头鹪莺　英文名 / Plain Prinia

形态特征	体型较大，体长约 15cm。雌雄同型，体羽棕黄色，眉纹色浅，下体偏白，尾长。
生境习性	栖息于芦苇、沼泽、灌丛、农田、高草地。性活跃。
苏州分布	常见。
居留时间	全年可见。

棕头鸦雀 *Sinosuthora webbiana*

英文名 / Vinous-throated Parrotbill

形态特征	小型鸦雀，体长约12cm。雌雄同型，嘴小，体羽粉褐色，头顶及两翼栗褐色，喉略具细纹。
生境习性	栖息于芦苇、高草地、低矮树丛、农田。喜集群，性活跃。
苏州分布	常见。
居留时间	全年可见。

灰头鸦雀 *Psittiparus gularis*

眉纹黑色

英文名 / Grey-headed Parrotbill

形态特征	大型鸦雀，体长约18cm。雌雄同型，嘴橘黄色。头灰色，脸颊白色，有黑色长眉纹，喉黑色，下体灰白色。
生境习性	栖息于山林、灌丛。性吵嚷。
苏州分布	近年记录于吴中区七子山、穹窿山；高新区上方山。
居留时间	全年可见。

震旦鸦雀 *Paradoxornis heudei*

嘴黄色

英文名 / Reed Parrotbill　保护级别 / NT

形态特征	大型鸦雀，体长约 18cm。雌雄同型，黄色的嘴钩明显，头灰色，具黑色眉纹，背棕色，具黑色斑纹。尾长。
生境习性	仅栖息于黑龙江下游及辽宁、长江流域、江苏沿海的芦苇地。喜集群，性活泼。
苏州分布	近年记录于常熟铁黄沙；张家港长江西水道 (含通州沙)、张家港湾 (含双山岛)。常熟铁黄沙曾记录到 100~120 只的大群 (2018 年 8 月)。
居留时间	全年可见。

暗绿绣眼鸟 *Zosterops simplex*

英文名 / Swinhoe's White-eye

形态特征	中型绣眼鸟，体长约 12cm。雌雄同型，眼圈白色，上体和臀部黄绿色，下体灰白色。
生境习性	栖息于山林、开阔树林。性活泼，喜集群。
苏州分布	常见于丘陵地带，也记录于昆山天福湿地公园、常熟沙家浜湿地公园、太仓白茆口、吴江区太湖绿洲湿地公园、相城区荷塘月色湿地公园等地。
居留时间	全年可见。

红胁绣眼鸟 *Zosterops erythropleurus*

栗色

英文名 / Chestnut-flanked White-eye

形态特征	中型绣眼鸟，体长约 12cm。雌雄同型，眼圈白色，上体黄绿色，两胁栗色，下体白色。
生境习性	栖息于山林、开阔树林。喜集群。
苏州分布	近年记录于吴中区三山岛湿地公园、张家港凤凰山、太仓金仓湖湿地公园、姑苏区虎丘湿地等地。
居留时间	迁徙期 4~5 月和 9~10 月。

栗颈凤鹛 *Yuhina torqueola*

颈栗色

英文名 / Chestnut-collared Yuhina

形态特征	中等体型，体长约 13cm。雌雄同型，短羽冠灰色，栗色的脸颊延伸成后颈圈，上体偏灰，下体近白。
生境习性	栖息于山林、开阔树林。喜集群。
苏州分布	近年记录于昆山天福湿地公园、吴江区松陵镇等地。
居留时间	偶见。

黑脸噪鹛 (méi) *Pterorhinus perspicillatus*

黑眼罩

英文名 / Masked Laughingthrush

形态特征	大型噪鹛，体长约 30cm。雌雄同型，额及眼罩黑色，上体暗褐色，下体偏灰，臀部橙黄色。
生境习性	栖息于山林、开阔树林、灌丛、芦苇。喜集群，性喧闹。
苏州分布	常见。
居留时间	全年可见。

黑领噪鹛 (méi) *Pterorhinus pectoralis*

领黑色

英文名 / Greater Necklaced Laughingthrush

形态特征	大型噪鹛，体长约30cm。雌雄同型，眼先浅色，具白色眉纹，头胸部具黑色斑纹，上体褐色，下体沾褐色。
生境习性	栖息于山林。喜集群，性喧闹。
苏州分布	近年记录于张家港香山、常熟虞山等地。
居留时间	全年可见。

画眉 *Garrulax canorus*

白色眼纹

英文名 / Hwamei

形态特征	小型噪鹛，体长约 22cm。雌雄同型，体羽棕褐色，白色的眼圈在眼后延伸成狭窄的眉纹。
生境习性	栖息于山林、开阔树林、灌丛。喜集群，性活跃。
苏州分布	常见，多分布于丘陵地带，也记录于常熟沙家浜湿地公园、吴江区同里湿地公园等地。
居留时间	全年可见。

红嘴相思鸟 *Leiothrix lutea*

英文名 / Red-billed Leiothrix

形态特征	小型噪鹛，体长约16cm。雌雄同型，嘴红色。羽色鲜艳，上体橄榄绿，眼周和喉有黄色块斑，下体橙黄色。翼上具红、黄色。
生境习性	栖息于山林。喜集群，性活泼。
苏州分布	常见，多分布于丘陵地带。
居留时间	全年可见。

银喉长尾山雀 *Aegithalos glaucogularis*

幼鸟

英文名 / Silver-throated Bushtit

形态特征	体型较小，体长约16cm。雌雄同型，嘴细小黑色，眉纹、喉和肩羽黑色，背银灰色，尾甚长。幼鸟头沾棕褐色。
生境习性	栖息于山林、开阔树林。喜集群，性活跃。
苏州分布	常见，多分布于丘陵地带。
居留时间	全年可见。

红头长尾山雀 *Aegithalos concinnus*

幼鸟

英文名 / Black-throated Bushtit

形态特征	体型较小，体长约 10cm。雌雄同型，头顶棕红色，具黑色眼罩，喉黑色，尾长。幼鸟羽色较淡，头不红。
生境习性	栖息于山林、开阔树林。喜集群，性活跃。
苏州分布	常见，多分布于丘陵地带。
居留时间	全年可见。

崖沙燕 *Riparia riparia*

褐色胸带

英文名 / Sand Martin

形态特征	小型燕类，体长约 12cm。体羽褐色，下体白色并具一道褐色胸带，尾略分叉。幼鸟喉皮黄色。
生境习性	栖息于开阔水域、河流、山林。
苏州分布	近年记录于吴中区东太湖湿地公园、漫山岛、西山、三山岛湿地公园；张家港长江西水道；昆山天福湿地公园；吴江区同里湿地公园；常熟铁黄沙；相城阳澄湖湿地公园等地。在吴中区东太湖湿地公园曾记录到 500~1000 只的大群 (2020 年 5 月)。
居留时间	迁徙期 4~5 月和 8~10 月。

家燕 *Hirundo rustica*

喉红色

幼鸟

英文名 / Barn Swallow

形态特征	小型燕类，体长约 20cm。雌雄同型，上体蓝色具金属光泽，额至喉红色，具深色胸带，繁殖期尾甚长，尾羽外侧白色斑点。幼鸟体羽色暗，尾略短。
生境习性	栖息于开阔水域、农耕地、池塘、村落、城市。喜集群。
苏州分布	常见。
居留时间	全年可见，繁殖期 4~10 月。

金腰燕 *Cecropis daurica*

黑色细纹

浅栗色

英文名 / Red-rumped Swallow

形态特征	中型燕类，体长约 18cm。雌雄同型，具浅栗色的腰，上体深钢蓝色，下体浅黄色，具黑色细纹，尾长而叉深。
生境习性	栖息于开阔水域、农耕地、池塘、村落、城市。喜集群。
苏州分布	常见。
居留时间	繁殖期 3~10 月。

烟腹毛脚燕 *Delichon dasypus*

白色区小

胸烟灰色

英文名 / Asian House Martin

形态特征	小型燕类，体长约 13cm。雌雄同型，上体深蓝色，下体偏灰，胸烟白色，腰白色区较小，尾叉浅。
生境习性	栖息于山林、开阔区域。喜单独或集小群活动。
苏州分布	近年记录于吴中区西山、渔洋山、三山岛湿地公园、东山、临湖东太湖；张家港凤凰山；高新区大阳山、铜井山等地。
居留时间	迁徙期 4~5 月和 9~10 月。

白腹毛脚燕 *Delichon urbicum*

白色区大

幼鸟

英文名 / Northern House Martin

形态特征	小型燕类，体长约13cm。雌雄同型，上体蓝色具金属光泽，下体近白，腰白色区较大，尾叉深。幼鸟偏褐色，白色腰上具黑斑。
生境习性	栖息于开阔区域、山林。
苏州分布	近年记录于高新区大阳山、常熟铁黄沙、吴中区渔洋山等地。
居留时间	偶见于春、秋季。

白喉矶鸫 (jī dōng) *Monticola gularis*

喉白色

英文名 / White-throated Rock Thrush

形态特征	小型矶鸫，体长约 19cm。雌雄异型，喉白色。雄性头顶、颈背及肩部为天蓝色，脸偏黑，下体多橙栗色；雌性以灰褐色为主，上体多粗鳞状斑纹。
生境习性	栖息于开阔树林、山林。
苏州分布	近年记录于吴中区三山岛湿地公园、七子山；吴江区同里湿地公园；高新区贡山岛、佳世达；姑苏区苏州大学等地。
居留时间	迁徙期 4~5 月和 9~10 月。

蓝矶鸫 (jī dōng) *Monticola solitarius*

雌

英文名 / Blue Rock Thrush

形态特征	中型矶鸫，体长约 23cm。雌雄异型，雄性体羽青石灰色，具鳞状斑纹，腹部及尾下深栗或为蓝色（亚种 *pandoo*）；雌性上体灰色沾蓝色，下体皮黄色而密布鳞状斑纹。
生境习性	栖息于丘陵岩石、房屋、楼阁、庙宇。
苏州分布	近年记录于张家港长江西水道、香山、凤凰山；高新区大阳山、贡山岛；吴中区三山岛湿地公园、七子山；常熟铁黄沙等地。
居留时间	迁徙期 3~5 月和 8~10 月，偶见于 1 月。

白喉林鹟 (wēng) *Cyornis brunneatus*

嘴略长

英文名 / Brown-chested Jungle Flycatcher　保护级别 / VU

形态特征	中型鹟类，体长约 15cm。雌雄同型，嘴略长，上体偏褐色，胸带浅褐色，颈近白色而略具深色鳞状斑纹。幼鸟上体皮黄色而具鳞状斑纹。
生境习性	栖息于山林、开阔树林。
苏州分布	近年记录于姑苏区留园、高新区佳世达、常熟虞山等地。
居留时间	偶见于 5 月、6 月、9 月。

灰纹鹟 (wēng) *Muscicapa griseisticta*

浅褐色纵纹

英文名 / Grey-streaked Flycatcher

形态特征	小型鹟类，体长约 14cm。雌雄同型，上体灰褐色，下体白色，胸及两胁多浅褐色纵纹。翼长，几至尾端，具狭窄的白色翼斑。
生境习性	栖息于开阔树林、山林。
苏州分布	常见。
居留时间	迁徙期 4~5 月和 9~10 月。

乌鹟 (wēng) *Muscicapa sibirica*

白色半颈圈

英文名 / Dark-sided Flycatcher

形态特征	小型鹟类，体长约 14cm。雌雄同型，上体深灰色，具白色半颈环，两胁密布深褐色杂斑。翼上具狭窄的皮黄色翼斑。
生境习性	栖息于开阔树林、山林。
苏州分布	常见。
居留时间	迁徙期 4~5 月和 9~10 月。

北灰鹟 (wēng) *Muscicapa dauurica*

眼先和眼圈白

英文名 / Asian Brown Flycatcher

形态特征	小型鹟类，体长约 13cm。雌雄同型，眼先和眼圈灰色，上体浅灰褐色，下体白色，两胁沾褐色。翼较短。
生境习性	栖息于开阔树林、山林。
苏州分布	常见。
居留时间	迁徙期 4~5 月和 9~10 月。

褐胸鹟 (wēng) *Muscicapa muttui*

胸斑黄褐色

英文名 / Brown-breasted Flycatcher

形态特征	小型鹟类，体长约 14cm。雌雄异型，眼先和眼圈白色，上体浅灰褐色，胸斑黄褐色。翼羽羽缘棕色。
生境习性	栖息于山林、开阔树林。
苏州分布	近年记录于高新区佳世达 (2019 年 5 月)。
居留时间	偶见。

白眉姬鹟 (wēng) *Ficedula zanthopygia*

眉纹白色

雌

英文名 / Yellow-rumped Flycatcher

形态特征	小型鹟类，体长约 13cm。雌雄异型，腰黄色。雄性上体黑色，具黄色眉纹，白色翼斑，下体鲜黄色；雌性上体灰绿色，下体淡黄色。
生境习性	栖息于竹林、开阔树林。
苏州分布	常见，多分布于丘陵地带，也记录于吴江区同里湿地公园、常熟沙家浜湿地公园、昆山锦溪湿地公园、张家港双山岛、姑苏区等地。
居留时间	繁殖期 4~9 月。

黄眉姬鹟 (wēng) *Ficedula narcissina*

眉纹黄色

英文名 / Narcissus Flycatcher

形态特征	小型鹟类，体长约 13cm。雌雄异型。雄性上体黑色，具白色眉纹和翼斑，下体鲜黄色，腰黄色；雌性上体灰绿色，下体污白，腰褐色。
生境习性	栖息于山林、开阔树林。
苏州分布	近年记录于张家港香山 (2017 年 4 月)。
居留时间	偶见于春、秋季。

鸲 (qú) 姬鹟 (wēng) *Ficedula mugimaki*

雌性上体灰褐色

雄

鹟科 Muscicapidae

英文名 / Mugimaki Flycatcher

形态特征	小型鹟类，体长约 13cm。雌雄异型，腰黄色。雄性上体黑色，具白色短眉纹和白色翼斑，胸橙色，雄性幼鸟似成鸟，但颜色较淡；雌性上体灰褐色，胸淡橙色。
生境习性	栖息于山林、开阔树林。
苏州分布	常见。
居留时间	迁徙期 4~5 月和 9~10 月。

红喉姬鹟 (wēng) *Ficedula albicilla*

尾羽及尾上覆羽黑色

喉橙红色

英文名 / Taiga Flycatcher

形态特征	小型鹟类，体长约 13cm。雌雄相似，嘴黑色，上体灰褐色，尾羽及尾上覆羽黑色，外侧基部白色。雄性繁殖羽喉橙红色。
生境习性	栖息于开阔树林。
苏州分布	近年记录于昆山天福湿地公园、阳澄东湖湿地公园；常熟沙家浜湿地公园；张家港长江西水道；高新区佳世达等地。
居留时间	迁徙期 4~5 月和 9~11 月。

红胸姬鹟 (wēng) *Ficedula parva*

嘴基肉黄色

英文名 / Red-breasted Flycatcher

形态特征	小型鹟类，体长约 13cm。雌雄相似，下嘴基肉黄色，上体灰褐色，尾羽黑色，外侧基部白色，尾上覆羽灰黑色。雄性繁殖羽喉至胸橙红色。
生境习性	栖息于开阔树林。
苏州分布	近年记录于张家港香山、姑苏区虎丘湿地等地。
居留时间	偶见于 12 月至翌年 1 月。

白腹蓝鹟 (wēng) *Cyanoptila cyanomelana*

雌

别名 / 白腹姬鹟　英文名 / Blue-and-white Flycatcher

形态特征	大型鹟类，体长约 17cm。雌雄异型。雄性成鸟脸、喉及上胸近黑，上体闪光钴蓝色，下胸、腹及尾下的覆羽白色，雄性幼鸟头灰，体羽沾蓝色；雌性体羽灰褐色，下体偏白。
生境习性	栖息于山林、开阔树林。
苏州分布	近年记录于吴中区漫山岛；相城区阳澄湖湿地公园；高新区佳世达；太仓金仓湖；昆山阳澄东湖湿地公园；常熟沙家浜湿地公园、铁黄沙等地。
居留时间	迁徙期 4~5 月和 9~10 月。

铜蓝鹟 (wēng) *Eumyias thalassinus*

形态特征	大型鹟类，体长约 17cm。雌雄相似，体羽铜蓝色。雄性眼先黑色；雌性色暗，眼先暗黑色。
生境习性	栖息于山林、开阔树林。
苏州分布	近年记录于张家港双山岛、长江西水道；常熟虞山；相城区阳澄湖湿地公园等地。
居留时间	偶见于 11 月至翌年 3 月。

小仙鹟 (wēng) *Niltava macgrigoriae*

雌性颈侧具蓝色斑块

雄

英文名 / Small Niltava

形态特征	小型鹟类，体长约 14cm。雌雄异型。雄性体羽蓝色，具蓝色金属光泽；雌性体羽灰褐色，喉白色，颈侧具蓝色斑块。
生境习性	栖息于山林、开阔树林。
苏州分布	近年记录于高新区上方山 (2017 年 3 月)。
居留时间	偶见。

日本歌鸲 (qú) *Larvivora akahige*

橘黄色

英文名 / Japanese Robin

形态特征	小型歌鸲，体长约 15cm。雌雄异型，脸及胸橘黄色，上体褐色，两胁近灰色。雄性具狭窄的黑色项纹；雌性羽色较暗淡。
生境习性	栖息于山林。
苏州分布	近年记录于高新区。
居留时间	偶见。

红尾歌鸲 (qú) *Larivora sibilans*

扇贝形斑纹

英文名 / Rufous-tailed Robin

形态特征	小型歌鸲，体长约 13cm。雌雄同型，上体橄榄褐色，尾棕色，下体近白，胸部具橄榄色扇贝形纹。
生境习性	栖息于灌丛、林下。性隐蔽。
苏州分布	近年记录于吴中区漫山岛、三山岛湿地公园；张家港凤凰山、香山；高新区佳世达；昆山天福湿地公园；吴江区同里湿地公园等地。
居留时间	迁徙期 4~5 月和 9~10 月。

红喉歌鸲 (qú) *Calliope calliope*

喉红色

别名 / 红点颏　英文名 / Siberian Rubythroat

形态特征	中型歌鸲，体长约16cm。雌雄相似，具醒目的白色眉纹和颊纹，尾褐色，两胁皮黄色。雄性喉红色；雌性喉色较淡，胸带近褐。
生境习性	栖息于芦苇、农田、灌丛。性隐蔽。
苏州分布	近年记录于张家港长江西水道；昆山天福湿地公园、锦溪湿地公园；吴中区太湖湖滨湿地公园、漫山岛、七子山；太仓金仓湖湿地公园、江滩湿地；吴江区同里湿地公园、震泽湿地公园等地。
居留时间	偶见于10月至翌年5月。

蓝喉歌鸲 (qú) *Luscinia svecica*

雌

别名 / 蓝点颏　英文名 / Bluethroat

形态特征	中型歌鸲，体长约 14cm。雌雄相似，具醒目的白色眉纹和颊纹，尾棕色，中央和两端黑色。雄性喉具橙、蓝、黑色斑纹；雌性喉色较淡，以黑色为主。
生境习性	栖息于芦苇、农田、灌丛。性隐蔽。
苏州分布	近年记录于张家港长江西水道；常熟铁黄沙、昆承湖；吴中区东太湖湿地公园、太湖湖滨湿地公园；昆山阳澄东湖湿地公园；吴江区太湖苏州湾等地。
居留时间	偶见于 11 月至翌年 4 月。

蓝歌鸲 (qú) *Larvivora cyane*

上体亮蓝色

幼鸟

英文名 / Siberian Blue Robin

形态特征	中型歌鸲，体长约 16cm。雌雄异型，雄性上体亮蓝色，过眼纹近黑，雄性下体白色，幼鸟背沾蓝色；雌性上体橄榄褐，喉及胸褐色并具皮黄色鳞状斑纹，腰及尾上覆羽沾蓝。
生境习性	栖息于灌丛、林下。性隐蔽。
苏州分布	近年记录于吴中区穹窿山、三山岛湿地公园；高新区佳世达；姑苏区等地。
居留时间	偶见于 5 月。

红胁蓝尾鸲 (qú) *Tarsiger cyanurus*

雌

英文名 / Orange-flanked Bluetail

形态特征	小型鸲类，体长约 15cm。雌雄异型，尾蓝色，胁部橘黄色。雄性眉纹白色，成鸟上体蓝色，喉白色；雌性体羽灰褐色，下体偏灰。
生境习性	栖息于开阔山林、农田、芦苇、灌丛。性活跃。
苏州分布	常见。
居留时间	越冬期 10 月至翌年 4 月。

北红尾鸲 (qú) *Phoenicurus auroreus*

雌

英文名 / Daurian Redstart

形态特征	小型鸲类，体长约 15cm。雌雄异型，具白色三角形翼斑，尾橙红色。雄性头偏白，上体黑色为主，腹部橙红色；雌性体羽灰褐色。
生境习性	栖息于开阔山林、农田、芦苇、灌丛。性活跃，喜点头颤尾。
苏州分布	常见。
居留时间	越冬期 10 月至翌年 5 月。

鹊鸲 (qú) *Copsychus saularis*

雌

英文名 / Oriental Magpie Robin

形态特征	中型鸲类，体长约 20cm。雌雄异型，雄性上体黑色，具白色翼斑，腹白色，尾羽黑色，羽缘白色；雌性和幼鸟羽色暗灰色。
生境习性	栖息于村落、社区、农田、树林。性活跃，喜翘尾。
苏州分布	近年常见。
居留时间	全年可见。

赭红尾鸲 (qú) *Phoenicurus ochruros*

雌性体羽深灰褐色

英文名 / Black Redstart

形态特征	小型鸲类，体长约 15cm。雌雄异型，尾橙红色。雄性头灰色，上体黑色为主，腹部橙红色；雌性体羽深灰褐色。
生境习性	栖息于村落、农田、树林。喜点头颤尾。
苏州分布	近年记录于吴中区漫山岛 (2018 年 5 月)。
居留时间	偶见。

东亚石䳭 (jí) *Saxicola stejnegeri*

雌

别名 / 黑喉石䳭　英文名 / Stejneger's Stonechat

形态特征	中型石䳭，体长约 14cm。雌雄异型，雄性繁殖羽头部及飞羽黑色，背深褐色，颈及翼上具粗大的白斑；雌性色体羽皮黄色，仅翼上具白斑。
生境习性	栖息于农田、灌丛。喜站立枝头。
苏州分布	常见。
居留时间	迁徙期 4~5 月和 9~11 月，偶见于 1 月、2 月。

橙头地鸫 (dōng) *Geokichla citrina*

英文名 / Orange-headed Thrush

形态特征	中型地鸫，体长约 22cm。雌雄异型，头为橙黄色。雄性脸颊具两道深色纵纹，上体蓝灰色，翼具白色横纹；雌性上体橄榄灰色。
生境习性	栖息于茂密树林。性羞怯。
苏州分布	近年记录于姑苏区苏州大学 (2018 年 10 月)。
居留时间	偶见。

白眉地鸫 (dōng) *Geokichla sibirica*

雌

英文名 / Siberian Thrush

形态特征	中型地鸫，体长约 23cm。雌雄异型，眉纹显著。雄性石板灰黑色，眉纹白色，臀白色；雌性橄榄褐色，下体皮黄色，眉纹皮黄白色。
生境习性	栖息于山林、开阔树林。性羞怯。
苏州分布	近年记录于吴中区三山岛湿地公园；张家港香山、沙洲公园；昆山夏驾河；姑苏区虎丘湿地；工业园区东沙湖等地。
居留时间	迁徙期 4~5 月和 9~10 月。

怀氏虎鸫 (dōng) *Zoothera aurea*

鱼鳞状斑纹

英文名 / White's Thrush

形态特征	大型地鸫，体长约 28cm。雌雄同型，下嘴基部肉色，上体黄褐色，下体白色，通体满布鳞状斑纹。
生境习性	栖息于山林、开阔树林、灌丛。喜单独活动。
苏州分布	常见。
居留时间	9 月至翌年 5 月。

乌鸫 (dōng) *Turdus mandarinus*

幼鸟

英文名 / Chinese Blackbird

形态特征	大型鸫类，体长约 29cm。雌雄相似，雄性全黑色，嘴橘黄色，眼圈略浅；雌性上体黑褐色，下体深褐色。幼鸟羽色斑驳。
生境习性	栖息于树林、草地、灌木丛。
苏州分布	甚常见。
居留时间	全年可见。

灰背鸫 (dōng) *Turdus hortulorum*

背灰

雄

英文名 / Grey-backed Thrush

形态特征	小型鸫类，体长约 24cm。雌雄异型，两胁及翼下棕色。雄性上体全灰色，喉灰色，雄性幼鸟背灰色，胸具黑色斑点。雌性上体褐色较重，胸侧及两胁具黑色斑点。
生境习性	栖息于山林、开阔树林。喜在腐叶间翻找觅食。
苏州分布	常见。
居留时间	10 月至翌年 4 月，偶见于 5 月。

乌灰鸫 (dōng) *Turdus cardis*

雌

英文名 / Japanese Thrush

形态特征	小型鸫类，体长约21cm。雌雄异型，雄性上体银灰色，头及上胸黑色，下体余部白色，具黑色点斑；雌性上体灰褐色，下体白色，胸侧及两胁沾赤褐色，胸及两侧具黑色点斑。
生境习性	栖息于茂密树林。性羞怯。
苏州分布	近年记录于昆山天福湿地公园、吴江区同里湿地公园、吴中区渔洋山、常熟沙家浜湿地公园、相城区阳澄湖湿地公园、工业园区东沙湖、太仓金仓湖湿地公园等地。
居留时间	全年偶见。

白眉鸫 (dōng) *Turdus obscurus*

白色眉纹

英文名 / Eyebrowed Thrush

形态特征	中型鸫类，体长约 23cm。雌雄相似，白色过眼纹明显，上体橄榄褐色，头深灰色，胸带褐色，腹白而两侧沾赤褐。雄性头灰色。
生境习性	栖息于山林、开阔树林。喜集群。
苏州分布	近年记录于吴中区漫山岛、七子山、渔洋山；吴江区同里湿地公园；高新区佳世达；张家港长江西水道；昆山锦溪湿地公园；太仓金仓湖湿地公园；工业园区东沙湖等地。
居留时间	迁徙期 4~5 月和 9~10 月，偶见于 1 月、2 月。

白腹鸫 (dōng) *Turdus pallidus*

雌性头褐色

金色眼圈

雄

英文名 / Pale Thrush

形态特征	中型鸫类，体长约 23cm。雌雄相似，眼圈金色，上体橄榄褐色，腹白色，尾羽两端白色。雄性头深灰色；雌性头褐色。
生境习性	栖息于山林、开阔树林。
苏州分布	常见。
居留时间	10 月至翌年 4 月。

斑鸫 (dōng) *Turdus eunomus*

雌

英文名 / Dusky Thrush

形态特征	中型鸫类，体长约 25cm。雌雄相似，体羽棕褐色，眉纹显著，下体多黑色斑点。雄性上体红褐色，眉纹白色；雌性色浅。
生境习性	栖息于开阔树林、草地、农田。喜集群，性喧闹。
苏州分布	常见。
居留时间	越冬期 10 月至翌年 4 月。

红尾鸫 (dōng) *Turdus naumanni*

尾红色

英文名 / Naumann's Thrush

形态特征	中型鸫类，体长约 25cm。雌雄相似，体羽红褐色，下体多红褐色斑点，尾棕红色。雄性羽色鲜艳；雌性色浅。
生境习性	栖息于开阔树林、草地、农田。喜与斑鸫混群，性喧闹。
苏州分布	常见。
居留时间	越冬期 10 月至翌年 4 月。

鸫科 Turdidae

赤颈鸫 (dōng) *Turdus ruficollis*

颈棕色

雌

英文名 / Red-throated Thrush

形态特征	中型鸫类，体长约 25cm。雌雄相似，上体灰褐色，腹部及臀纯白色。雄性脸、喉及上胸棕色；雌性棕色较浅。
生境习性	栖息于开阔树林、草地。
苏州分布	近年记录于昆山天福湿地公园等地。
居留时间	偶见于冬季。

宝兴歌鸫 (dōng) *Turdus mupinensis*

黑色斑点

英文名 / Chinese Thrush

形态特征	中型鸫类，体长约 23cm。雌雄同型，上体褐色，下体皮黄色而具明显黑色斑点。
生境习性	栖息于山林、林下灌木。
苏州分布	近年记录于吴江区同里湿地公园、吴中区三山岛湿地公园、姑苏区苏州大学等地。
居留时间	越冬期 12 月至翌年 4 月。

八哥 *Acridotheres cristatellus*

翼上白斑

英文名 / Crested Myna

形态特征	大型椋鸟，体长约 28cm。雌雄同型，嘴象牙白色，羽冠突出，尾端有狭窄的白色，飞行时可见翼上白斑。
生境习性	栖息于村落、城市、树林、草地。喜集群，性活跃。
苏州分布	甚常见。
居留时间	全年可见。

灰椋 (liáng) 鸟 *Spodiopsar cineraceus*

白斑

英文名 / White-cheeked Starling

形态特征	中型椋鸟，体长约 24cm。雌雄相似，头黑色有白斑，体羽褐色，具白腰。雌鸟色浅而暗。
生境习性	栖息于农耕地、草地、树林。喜集群，性吵嚷。
苏州分布	常见。
居留时间	全年可见。

丝光椋 (liáng) 鸟 *Spodiopsar sericeus*

白色翼斑

英文名 / Red-billed Starling

形态特征	中型椋鸟，体长约 24cm。雌雄相似，嘴红色，两翼及尾辉黑色，飞行时可见白斑。雄性头灰白色，具丝状羽。
生境习性	栖息于树林、农田、草地。喜集群。
苏州分布	常见。
居留时间	全年可见。

黑领椋 (liáng) 鸟 *Gracupica nigricollis*

颈黑色

幼鸟

英文名 / Black-collared Starling

形态特征	大型椋鸟，体长约 28cm。雌雄同型，头白具黄色裸皮，颈黑色，上体黑色具白斑，下体白色。幼鸟羽色偏深。
生境习性	栖息于开阔树林、草地、农耕地。性喧闹。
苏州分布	近年常见。
居留时间	全年可见。

紫翅椋 (liáng) 鸟 *Sturnus vulgaris*

英文名 / Common Starling

形态特征	中型椋鸟，体长约22cm。雌雄同型，嘴黄色，羽色闪辉黑、紫、绿色光泽，具白色点斑。
生境习性	栖息于农耕地、树林。喜结群。
苏州分布	近年记录于吴江区太湖绿洲湿地公园、震泽湿地公园；张家港长江西水道；吴中区临湖；常熟铁黄沙；昆山天福湿地公园等地。
居留时间	越冬期 10 月至翌年 4 月。

北椋 (liáng) 鸟 *Agropsar sturninus*

白色翼带

英文名 / Daurian Starling

形态特征	小型椋鸟，体长约 18cm。雌雄相似，背深灰色。雄性枕后黑色，背部闪辉紫色，具白色翼带；雌性上体烟灰，羽色较浅。
生境习性	栖息于树林、农田、草地。
苏州分布	近年记录于张家港双山岛、沙洲公园、长江西水道；吴中区三山岛湿地公园；吴江区松陵镇等地。
居留时间	偶见于 4~5 月和 9~10 月。

灰背椋 (liáng) 鸟 *Sturnia sinensis*

英文名 / White-shouldered Starling

形态特征	小型椋鸟，体长约19cm。雌雄相似，翼上覆羽及肩部白色，飞羽黑。雄性上体灰色，头顶及腹部偏白，外侧尾羽羽端白色；雌性翼覆羽的白色较少。
生境习性	栖息于开阔树林。
苏州分布	近年记录于张家港长江西水道 (2020 年 8 月)。
居留时间	偶见。

云雀 *Alauda arvensis*

嘴较粗短

英文名 / Eurasian Skylark

形态特征	小型鸣禽，体长约 18cm。雌雄同型，嘴较短小，体羽灰褐色，羽冠可耸立，尾分叉。飞行时可见白色翼后缘。
生境习性	栖息于草地、平原、农耕地。善鸣唱，能在空中振翅鸣叫。
苏州分布	常见。
居留时间	越冬期 10 月至翌年 4 月。

小云雀 *Alauda gulgula*

嘴略长

翼后缘白色淡

英文名 / Oriental Skylark

形态特征	小型鸣禽，体长约 15cm。雌雄同型，嘴略粗长，体羽灰褐色，略具浅色眉纹，羽冠可耸立，尾分叉。飞行时白色翼后缘较淡。
生境习性	栖息于草地、平原、农耕地。善鸣唱，能在空中振翅鸣叫。
苏州分布	常见。
居留时间	全年可见。

白鹡鸰 (jí líng) *Motacilla alba*

英文名 / White Wagtail

形态特征	中型鹡鸰，体长约 20cm。雌雄相似，体羽上体灰色，下体白色，两翼及尾黑白相间。
生境习性	栖息于溪流、草地、河道、湖泊沿岸。性活跃。
苏州分布	常见。
居留时间	全年可见。

灰鹡鸰 (jí líng) *Motacilla cinerea*

雄性繁殖期
喉黑色

英文名 / Grey Wagtail

形态特征	中型鹡鸰，体长约 19cm。雌雄相似，背灰色，下体浅黄色。雄性繁殖羽喉黑色，颜色鲜艳；雌性羽色较浅。幼鸟下体偏白，嘴基淡色。
生境习性	栖息于沼泽、滩涂、草地。
苏州分布	常见。
居留时间	越冬期 9 月至翌年 5 月。

黄鹡鸰 (jí líng) *Motacilla tschutschensis*

下体鲜黄

幼鸟

英文名 / Eastern Yellow Wagtail

形态特征	中型鹡鸰，体长约 18cm。雌雄相似，头深色，具黄色、白色或不具眉纹，体羽黄褐色，下体鲜黄色。幼鸟羽色浅黄。
生境习性	栖息于沼泽、滩涂、草地。
苏州分布	常见。
居留时间	迁徙期 4~5 月和 8~11 月，偶见于 1 月。

山鹡鸰 (jí líng) *Dendronanthus indicus*

胸前 2 道黑斑

英文名 / Forest Wagtail

形态特征	中型鹡鸰，体长约 17cm。雌雄同型，上体灰褐色，眉纹白色，两翼具黑白色的粗显斑纹，下体白色，胸上具两道黑色的横斑纹。
生境习性	栖息于溪流、树林。尾轻轻往两侧摆动。
苏州分布	近年记录于吴中区穹窿山、高新区大阳山、吴江区同里湿地公园、常熟虞山、昆山锦溪湿地公园等地。
居留时间	繁殖期 5~8 月。

黄头鹡鸰 (jí líng) *Motacilla citreola*

雄性头鲜黄

英文名 / Citrine Wagtail

形态特征	小型鹡鸰，体长约 18cm。雌雄异型，头及下体鲜黄色，背灰色。雌性体羽黄色较淡。
生境习性	栖息于沼泽、滩涂。
苏州分布	近年记录于张家港双山岛、长江西水道；吴江区同里湿地公园等地。
居留时间	偶见于 3~4 月。

树鹨 (liù) *Anthus hodgsoni*

背橄榄色

英文名 / Olive-backed Pipit

形态特征	中型鹨，体长约 15cm。雌雄同型，体羽橄榄色。具粗显的白色眉纹，耳后有黑斑，上体纵纹较少，下体偏白，胸及两肋黑色纵纹浓密。
生境习性	栖息于树林、灌丛。
苏州分布	常见。
居留时间	9 月至翌年 5 月。

理氏鹨 (liù) *Anthus richardi*

站姿直

别名 / 田鹨　英文名 / Richard's Pipit

形态特征	大型鹨，体长约 16cm。雌雄同型，体羽黄褐色，尾长，站姿直。
生境习性	栖息于草地、农耕地。
苏州分布	常见。
居留时间	越冬期 9 月至翌年 5 月。

水鹨 (liù) *Anthus spinoletta*

脚黑色

英文名 / Water Pipit

形态特征	中型鹨，体长约 15cm。雌雄相似，体羽黄褐色，脚黑色。繁殖羽头偏灰，下体沾黄色；非繁殖羽两肋斑纹稀疏。
生境习性	栖息于农耕地、沼泽、草地。
苏州分布	不常见。
居留时间	越冬期 10 月至翌年 4 月。

黄腹鹨 (liù) *Anthus rubescens*

粗纵纹

英文名 / Buff-bellied Pipit

形态特征	中型鹨，体长约 15cm。雌雄同型，体羽褐色，下体多黑色粗纵纹，脚黄褐色。繁殖羽下体纵纹较细。
生境习性	栖息于农耕地、沼泽。
苏州分布	不常见。
居留时间	越冬期 10 月至翌年 4 月。

红喉鹨 (liù) *Anthus cervinus*

红色

非繁殖羽

英文名 / Red-throated Pipit

形态特征	中型鹨，体长约 15cm。雌雄相似，体羽褐色，脚肉色。繁殖羽脸至胸部红色。
生境习性	栖息于农耕地、草地。
苏州分布	不常见。
居留时间	越冬期 10 月至翌年 4 月。

北鹨 (liù) *Anthus gustavi*

背上白斑

英文名 / Pechora Pipit

形态特征	中型鹨，体长约 15cm。雌雄同型，体羽黄褐色，背具两道白斑。脸偏白净，下体偏白，胸及两肋具黑褐色纵纹。
生境习性	栖息于草地、农耕地。
苏州分布	近年记录于张家港长江西水道；常熟铁黄沙；吴江区同里湿地公园、太湖绿洲湿地公园；昆山天福湿地公园；吴中区东太湖湿地公园、三山岛湿地公园；高新区贡山岛等地。
居留时间	迁徙期 4~5 月和 9~10 月。

麻雀 *Passer montanus*

黑色斑块

英文名 / Eurasian Tree Sparrow

形态特征	中型麻雀，体长约 14cm。雌雄同型，上体栗褐色，脸颊有黑色斑，喉黑色，具白色颈环。
生境习性	栖息于城市、村落、农耕地、草地、树林。
苏州分布	甚常见。
居留时间	全年可见。

山麻雀 *Passer cinnamomeus*

脸污白色

雌

英文名 / Russet Sparrow

形态特征	中型麻雀，体长约 14cm。雌雄异型，雄性上体栗色，喉黑色，脸颊污白色；雌性具奶油色的长眉纹。
生境习性	栖息于山林。
苏州分布	近年记录于张家港香山、长江西水道等地。
居留时间	偶见于 4 月。

白腰文鸟 *Lonchura striata*

英文名 / White-rumped Munia

形态特征	体型较小，体长约 11cm。雌雄同型，体深褐色，腰和腹部白色，尾尖型。
生境习性	栖息于农田、灌丛、树林。
苏州分布	常见。
居留时间	全年可见。

斑文鸟 *Lonchura punctulata*

鳞片状斑纹

幼鸟

英文名 / Scaly-breasted Munia

形态特征	体型较小，体长约 10cm。雌雄同型，脸较深，体羽褐色，腹部具鳞片状斑纹。幼鸟腹部较灰。
生境习性	栖息于芦苇、灌丛。
苏州分布	常见。
居留时间	全年可见。

燕雀 *Fringilla montifringilla*

雌

形态特征	中等体型，体长约 16cm。雌雄异型，上体棕黑色，下体白色。雄性头及颈背黑色；雌性头灰色。
生境习性	栖息于树林。
苏州分布	常见。
居留时间	越冬期 10 月至翌年 4 月。

金翅雀 *Chloris sinica*

金色翼斑

英文名 / Grey-capped Greenfinch

形态特征	体型较小，体长约 13cm。雌雄同型，体羽黄褐色，飞羽有金色翼斑。
生境习性	栖息于山林、开阔树林、草地、农耕地。
苏州分布	常见。
居留时间	全年可见。

黄雀 *Spinus spinus*

雌

英文名 / Eurasian Siskin

形态特征	体型较小，体长约 13cm。雌雄异型，体羽黄褐色。雄性额黑色，体羽鲜黄；雌性偏暗，下体多纵纹。
生境习性	栖息于山林、开阔树林。
苏州分布	常见。
居留时间	越冬期 10 月至翌年 4 月。

普通朱雀 *Carpodacus erythrinus*

雌

形态特征 中等体型，体长约 15cm。雌雄异型，嘴粗短。雄性体羽鲜红色；雌性体羽灰褐色。

生境习性 栖息于山林。

苏州分布 近年记录于高新区树山 (2008 年 4 月)。

居留时间 偶见。

红交嘴雀 *Loxia curvirostra*

嘴上下相交

英文名 / Red Crossbill

形态特征	中型体型，体长约 17cm。雌雄异型，上下嘴相交。雄性体羽砖红色，翼较深；雌性体羽灰褐色，腰黄色。
生境习性	栖息于多松果的山林。
苏州分布	近年记录于张家港香山 (2019 年 12 月)。
居留时间	偶见于冬季。

锡嘴雀 *Coccothraustes coccothraustes*

英文名 / Hawfinch

形态特征	体型较大，体长约 17cm。雌雄相似，体羽偏褐，眼先和颏黑色，背较深，飞羽黑色，具银灰色翼斑。
生境习性	栖息于山林、开阔树林。
苏州分布	近年记录于昆山天福湿地公园、亭林公园、夏驾河；吴江区同里湿地公园；张家港双山岛、香山；姑苏区虎丘；吴中区石湖；常熟尚湖；高新区太湖湿地公园；相城区阳澄湖湿地公园等地。
居留时间	越冬期 11 月至翌年 4 月。

黑尾蜡嘴雀 *Eophona migratoria*

雌

英文名 / Chinese Grosbeak

形态特征	体型较大，体长约 17cm。雌雄异型，嘴蜡黄色，嘴端黑色，体羽灰褐色。雄性头罩黑色；雌性头灰褐色。
生境习性	栖息于山林、开阔树林。
苏州分布	常见。
居留时间	全年可见。

黑头蜡嘴雀 *Eophona personata*

头罩范围较小

英文名 / Japanese Grosbeak

形态特征	体型较大，体长约 20cm。雌雄同型，嘴黄色，头罩黑色范围较小。飞羽有白色翼斑。
生境习性	栖息于山林。
苏州分布	近年记录于吴中区漫山岛、穹窿山、渔洋山；高新区贡山岛、上方山；太仓金仓湖湿地公园；张家港长江西水道、暨阳湖等地。
居留时间	偶见于 11 月至翌年 2 月。

黄喉鹀 (wú) *Emberiza elegans*

喉黄色

雌

英文名 / Yellow-throated Bunting

形态特征	小型鹀类，体长约 15cm。雌雄异型，羽冠明显，眉纹和喉黄色。雄性头偏黑色，胸褐色；雌性偏褐色。
生境习性	栖息于林缘灌丛、芦苇、农耕地。
苏州分布	常见。
居留时间	10 月至翌年 5 月。

黄眉鹀 (wú) *Emberiza chrysophrys*

黄色眉纹

英文名 / Yellow-browed Bunting

形态特征	小型鹀类，体长约 15cm。雌雄同型，眉纹显著，前半段黄色。下体白，多细纵纹。
生境习性	栖息于林缘灌丛。
苏州分布	不常见。
居留时间	10 月至翌年 5 月。

白眉鹀 (wú) *Emberiza tristrami*

雌

白眉纹显著

形态特征	中型鹀类，体长约 15cm。雌雄相似，体羽褐色，腰棕色。雄性繁殖羽，白眉纹显著，头部以黑白色为主；雌性眉纹偏黄。
生境习性	栖息于山林、开阔树林、灌丛。
苏州分布	常见。
居留时间	越冬期 10 月至翌年 4 月。

栗耳鹀 (wú) *Emberiza fucata*

耳斑栗红色

雌

英文名 / Chestnut-eared Bunting

形态特征	大型鹀类，体长约 16cm。雌雄相似，头灰色，耳斑栗红色，胸带黑褐色。下体多细纹。雌性羽色较淡。
生境习性	栖息于灌丛、芦苇、高草地。
苏州分布	不常见。
居留时间	越冬期 10 月至翌年 4 月。

小鹀 (wú) *Emberiza pusilla*

脸颊棕色

英文名 / Little Bunting

形态特征	小型鹀类，体长约 13cm。雌雄同型，脸颊棕色，头顶为黑色和栗色条纹，下体白色，多黑色纵纹。
生境习性	栖息于芦苇、农耕地、灌丛。
苏州分布	常见。
居留时间	越冬期 10 月至翌年 4 月。

鹀科 Emberizidae

三道眉草鹀 (wú) *Emberiza cioides*

褐色及黑白色图案

形态特征	大型鹀类，体长约 16cm。雌雄异型，体羽棕褐色。雄性繁殖期脸部为黑白色图案；雌性脸部偏褐色。
生境习性	栖息于丘陵的灌丛、林缘。
苏州分布	近年记录于吴中区渔洋山、穹窿山、西山、东太湖湿地公园；高新区大阳山、观音山等地。
居留时间	全年可见。

栗鹀 (wú) *Emberiza rutila*

雌

英文名 / Chestnut Bunting

形态特征	小型鹀类，体长约 15cm。雌雄异型，上体栗色，腹部鲜黄色。雄性头栗色；雌性上体棕褐色，腰栗色。
生境习性	栖息于山林、灌丛。
苏州分布	近年记录于吴中区漫山岛、渔洋山、东太湖、三山岛湿地公园、西山；高新区贡山岛等地。
居留时间	偶见于 4~5 月和 9~10 月。

黄胸鹀 (wú) *Emberiza aureola*

腹部黄色

英文名 / Yellow-breasted Bunting　保护级别 / CR

形态特征	小型鹀类，体长约 15cm。雌雄异型，上体棕褐色，腹部鲜黄色，翼斑白色。雄性脸颊黑色，具棕色胸带；雌性色淡。
生境习性	栖息于灌丛、芦苇、农田。
苏州分布	近年记录于张家港长江西水道；常熟铁黄沙；昆山天福湿地公园；吴江区太湖苏州湾；吴中区东太湖湿地公园、太湖湖滨湿地公园、漫山岛；高新区贡山岛；太仓金仓湖湿地公园等地。曾在张家港长江西水道记录到 100~150 只大群 (2018 年 5 月)。
居留时间	迁徙期 4~5 月和 10~11 月。

苇鹀 (wú) *Emberiza pallasi*

小覆羽灰色

英文名 / Pallas's Bunting

形态特征	小型鹀类，体长约14cm。雌雄相似，嘴尖细，体羽灰褐色，小覆羽灰色。繁殖期头黑色，体白色。
生境习性	栖息于芦苇。
苏州分布	常见。
居留时间	越冬期10月至翌年4月。

芦鹀 (wú) *Emberiza schoeniclus*

嘴粗钝

英文名 / Reed Bunting

形态特征	中型鹀类，体长约 15cm。雌雄相似，嘴粗钝，体羽灰褐色，小覆羽棕色。繁殖期头黑色。
生境习性	栖息于芦苇。
苏州分布	近年记录于吴江区同里湿地公园、吴中区西山等地。
居留时间	偶见于春、秋季。

红颈苇鹀 (wú) *Emberiza yessoensis*

三角形斑

英文名 / Ochre-rumped Bunting　保护级别 / NT

形态特征	中型鹀类，体长约 15cm。雌雄相似，嘴粗长，体羽棕褐色。繁殖期头黑色；非繁殖羽头具黑色三角形斑，颈和腰红褐色。
生境习性	栖息于芦苇、灌丛。
苏州分布	近年记录于昆山天福湿地公园；吴江区同里湿地公园；高新区乌龟山；吴中区东太湖湿地公园、漫山岛；常熟铁黄沙等地。
居留时间	越冬期 11 月至翌年 4 月。

硫磺鹀 (wú) *Emberiza sulphurata*

白色眼圈

英文名 / Yellow Bunting　　保护级别 / VU

形态特征	小型鹀类，体长约 14cm。雌雄相似，头偏绿，白色眼圈显著，下体黄色。
生境习性	栖息于灌丛。
苏州分布	近年记录于张家港长江西水道 (2018 年 4 月)。
居留时间	偶见于春、秋季。

参考文献

约翰·马敬伦，卡伦·菲利普斯，何芬奇，等，2000. 中国鸟类野外手册 [M].
　长沙：湖南教育出版社．

萧木吉，李政霖，2015. 台湾野鸟手绘图鉴 [M]. 台北：行政院农业委员会
　林务局．

马克·布拉齐尔，2020. 东亚鸟类野外手册 [M]. 北京：北京大学出版社．

附录一 中文名索引

附录二　拉丁名索引

附录三　苏州市鸟类名录

序号	中文名	英文名	拉丁名	国家保护级别	IUCN红色名录
雁形目 ANSERIFORMES　鸭科 Anatidae					
1	小天鹅	Tundra Swan	*Cygnus columbianus*	国 II	LC
2	短嘴豆雁	Tundra Bean Goose	*Anser serrirostris*	—	NR
3	豆雁	Taiga Bean Goose	*Anser fabalis*	—	LC
4	鸿雁	Swan Goose	*Anser cygnoides*	—	VU
5	白额雁	Greater White-fronted Goose	*Anser albifrons*	国 II	LC
6	小白额雁	Lesser White-fronted Goose	*Anser erythropus*	—	VU
7	灰雁	Greylag Goose	*Anser anser*	—	LC
8	斑头雁	Bar-headed Goose	*Anser indicus*	—	LC
9	赤麻鸭	Ruddy Shelduck	*Tadorna ferruginea*	—	LC
10	翘鼻麻鸭	Common Shelduck	*Tadorna tadorna*	—	LC
11	棉凫	Cotton Pygmy Goose	*Nettapus coromandelianus*	—	LC
12	鸳鸯	Mandarin Duck	*Aix galericulata*	国 II	LC
13	斑嘴鸭	Chinese Spot-billed Duck	*Anas zonorhyncha*	—	LC
14	绿头鸭	Mallard	*Anas platyrhynchos*	—	LC
15	罗纹鸭	Falcated Duck	*Mareca falcata*	—	NT
16	赤膀鸭	Gadwall	*Mareca strepera*	—	LC
17	赤颈鸭	Eurasian Wigeon	*Mareca penelope*	—	LC
18	琵嘴鸭	Northern Shoveler	*Spatula clypeata*	—	LC
19	针尾鸭	Northern Pintail	*Anas acuta*	—	LC

序号	中文名	英文名	拉丁名	国家保护级别	IUCN红色名录
20	绿翅鸭	Eurasian Teal	*Anas crecca*	—	LC
21	白眉鸭	Garganey	*Spatula querquedula*	—	LC
22	花脸鸭	Baikal Teal	*Sibirionetta formosa*	—	LC
23	红头潜鸭	Common Pochard	*Aythya ferina*	—	VU
24	凤头潜鸭	Tufted Duck	*Aythya fuligula*	—	LC
25	斑背潜鸭	Greater Scaup	*Aythya marila*	—	LC
26	白眼潜鸭	Ferruginous Pochard	*Aythya nyroca*	—	NT
27	青头潜鸭	Baer's Pochard	*Aythya baeri*	—	CR
28	赤嘴潜鸭	Red-crested Pochard	*Netta rufina*	—	LC
29	斑脸海番鸭	Stejneger's Scoter	*Melanitta stejnegeri*	—	LC
30	鹊鸭	Common Goldeneye	*Bucephala clangula*	—	LC
31	白秋沙鸭	Smew	*Mergellus albellus*	—	LC
32	普通秋沙鸭	Common Merganser	*Mergus merganser*	—	LC
33	红胸秋沙鸭	Red-breasted Merganser	*Mergus serrator*	—	LC
34	中华秋沙鸭	Scaly-sided Merganser	*Mergus squamatus*	国 I	EN
鸡形目 GALLIFORMES			**雉科 Phasianidae**		
35	鹌鹑	Japanese Quail	*Coturnix japonica*	—	NT
36	灰胸竹鸡	Chinese Bamboo Partridge	*Bambusicola thoracicus*	—	LC
37	雉鸡	Common Pheasant	*Phasianus colchicus*	—	LC
潜鸟目 GAVIIFORMES			**潜鸟科 Gaviidae**		
38	红喉潜鸟	Red-throated Loon	*Gavia stellata*	—	LC
䴙䴘目 PODICIPEDIFORMES			**䴙䴘科 Podicipedidae**		
39	小䴙䴘	Little Grebe	*Tachybaptus ruficollis*	—	LC
40	凤头䴙䴘	Great Crested Grebe	*Podiceps cristatus*	—	LC
41	角䴙䴘	Horned Grebe	*Podiceps auritus*	国 II	LC

序号	中文名	英文名	拉丁名	国家保护级别	IUCN红色名录
42	黑颈䴙䴘	Black-necked Grebe	*Podiceps nigricollis*	—	LC
鲣鸟目 SULIFORMES　鸬鹚科 Phalacrocoracidae					
43	普通鸬鹚	Great Cormorant	*Phalacrocorax carbo*	—	LC
44	暗绿背鸬鹚	Japanese Cormorant	*Phalacrocorax capillatus*	—	LC
鹈形目 PELECANIFORMES　鹈鹕科 Pelecanidae					
45	卷羽鹈鹕	Dalmatian Pelican	*Pelecanus crispus*	国 II	NT
鹈形目 PELECANIFORMES　鹭科 Ardeidae					
46	白鹭	Little Egret	*Egretta garzetta*	—	LC
47	黄嘴白鹭	Chinese Egret	*Egretta eulophotes*	国 II	VU
48	苍鹭	Grey Heron	*Ardea cinerea*	—	LC
49	草鹭	Purple Heron	*Ardea purpurea*	—	LC
50	大白鹭	Great Egret	*Ardea alba*	—	LC
51	中白鹭	Intermediate Egret	*Ardea intermedia*	—	LC
52	牛背鹭	Eastern Cattle Egret	*Bubulcus coromandus*	—	LC
53	池鹭	Chinese Pond Heron	*Ardeola bacchus*	—	LC
54	绿鹭	Striated Heron	*Butorides striata*	—	LC
55	夜鹭	Black-crowned Night Heron	*Nycticorax nycticorax*	—	LC
56	黄苇鳽	Yellow Bittern	*Ixobrychus sinensis*	—	LC
57	栗苇鳽	Cinnamon Bittern	*Ixobrychus cinnamomeus*	—	LC
58	黑鳽	Black Bittern	*Dupetor flavicollis*	—	LC
59	大麻鳽	Great Bittern	*Botaurus stellaris*	—	LC
60	紫背苇鳽	Von Schrenck's Bittern	*Ixobrychus eurhythmus*	—	LC
鹈形目 PELECANIFORMES　鹮科 Threskiornithidae					
61	白琵鹭	Eurasian Spoonbill	*Platalea leucorodia*	国 II	LC

序号	中文名	英文名	拉丁名	国家保护级别	IUCN红色名录
62	黑脸琵鹭	Black-faced Spoonbill	*Platalea minor*	国 II	EN
鹳形目 CICONIIFORMES　鹳科 Ciconiidae					
63	黑鹳	Black Stork	*Ciconia nigra*	国 I	LC
64	东方白鹳	Oriental Stork	*Ciconia boyciana*	国 I	EN
鹰形目 ACCIPITRIFORMES　鹗科 Pandionidae					
65	鹗	Western Osprey	*Pandion haliaetus*	国 II	LC
鹰形目 ACCIPITRIFORMES　鹰科 Accipitridae					
66	黑冠鹃隼	Black Baza	*Aviceda leuphotes*	国 II	LC
67	凤头蜂鹰	Crested Honey-buzzard	*Pernis ptilorhynchus*	国 II	LC
68	黑翅鸢	Black-winged Kite	*Elanus caeruleus*	国 II	LC
69	黑鸢	Black Kite	*Milvus migrans*	国 II	LC
70	秃鹫	Cinereous Vulture	*Aegypius monachus*	国 II	NT
71	蛇雕	Crested Serpent Eagle	*Spilornis cheela*	国 II	LC
72	白腹鹞	Eastern Marsh Harrier	*Circus spilonotus*	国 II	LC
73	白尾鹞	Hen Harrier	*Circus cyaneus*	国 II	LC
74	鹊鹞	Pied Harrier	*Circus melanoleucos*	国 II	LC
75	凤头鹰	Crested Goshawk	*Accipiter trivirgatus*	国 II	LC
76	赤腹鹰	Chinese Sparrowhawk	*Accipiter soloensis*	国 II	LC
77	日本松雀鹰	Japanese Sparrowhawk	*Accipiter gularis*	国 II	LC
78	松雀鹰	Besra	*Accipiter virgatus*	国 II	LC
79	雀鹰	Eurasian Sparrowhawk	*Accipiter nisus*	国 II	LC
80	苍鹰	Northern Goshawk	*Accipiter gentilis*	国 II	LC
81	灰脸鵟鹰	Grey-faced Buzzard	*Butastur indicus*	国 II	LC
82	普通鵟	Eastern Buzzard	*Buteo japonicus*	国 II	LC
83	林雕	Black Eagle	*Ictinaetus malaiensis*	国 II	LC
84	乌雕	Greater Spotted Eagle	*Clanga clanga*	国 II	VU

序号	中文名	英文名	拉丁名	国家保护级别	IUCN红色名录
隼形目 FALCONIFORMES　　隼科 Falconidae					
85	红隼	Common Kestrel	*Falco tinnunculus*	国 II	LC
86	红脚隼	Amur Falcon	*Falco amurensis*	国 II	LC
87	灰背隼	Merlin	*Falco columbarius*	国 II	LC
88	燕隼	Eurasian Hobby	*Falco subbuteo*	国 II	LC
89	游隼	Peregrine Falcon	*Falco peregrinus*	国 II	LC
鹤形目 GRUIFORMES　　秧鸡科 Rallidae					
90	普通秧鸡	Brown-cheeked Rail	*Rallus indicus*	—	LC
91	西方秧鸡	Water Rail	*Rallus aquaticus*	—	LC
92	白胸苦恶鸟	White-breasted Waterhen	*Amaurornis phoenicurus*	—	LC
93	红脚苦恶鸟	Brown Crake	*Amaurornis akool*	—	LC
94	小田鸡	Baillon's Crake	*Porzana pusilla*	—	LC
95	董鸡	Watercock	*Gallicrex cinerea*	—	LC
96	黑水鸡	Common Moorhen	*Gallinula chloropus*	—	LC
97	骨顶鸡	Eurasian Coot	*Fulica atra*	—	LC
鹤形目 GRUIFORMES　　鹤科 Gruidae					
98	沙丘鹤	Sandhill Crane	*Antigone canadensis*	国 II	LC
99	蓑羽鹤	Demoiselle Crane	*Grus virgo*	国 II	LC
100	灰鹤	Common Crane	*Grus grus*	国 II	LC
101	白头鹤	Hooded Crane	*Grus monacha*	国 I	VU
鸻形目 CHARADRIIFORMES　　反嘴鹬科 Recurvirostridae					
102	黑翅长脚鹬	Black-winged Stilt	*Himantopus himantopus*	—	LC
103	反嘴鹬	Pied Avocet	*Recurvirostra avosetta*	—	LC
鸻形目 CHARADRIIFORMES　　水雉科 Jacanidae					
104	水雉	Pheasant-tailed Jacana	*Hydrophasianus chirurgus*	—	LC

序号	中文名	英文名	拉丁名	国家保护级别	IUCN红色名录
鸻形目 CHARADRIIFORMES　鸻科 Charadriidae					
105	金斑鸻	Pacific Golden Plover	*Pluvialis fulva*	—	LC
106	灰斑鸻	Grey Plover	*Pluvialis squatarola*	—	LC
107	金眶鸻	Little Ringed Plover	*Charadrius dubius*	—	LC
108	长嘴剑鸻	Long-billed Plover	*Charadrius placidus*	—	LC
109	剑鸻	Common Ringed Plover	*Charadrius hiaticula*	—	LC
110	环颈鸻	Kentish Plover	*Charadrius alexandrinus*	—	LC
111	蒙古沙鸻	Lesser Sand Plover	*Charadrius mongolus*	—	LC
112	铁嘴沙鸻	Greater Sand Plover	*Charadrius leschenaultii*	—	LC
113	东方鸻	Oriental Plover	*Charadrius veredus*	—	LC
114	凤头麦鸡	Northern Lapwing	*Vanellus vanellus*	—	NT
115	灰头麦鸡	Grey-headed Lapwing	*Vanellus cinereus*	—	LC
鸻形目 CHARADRIIFORMES　鹬科 Scolopacidae					
116	丘鹬	Eurasian Woodcock	*Scolopax rusticola*	—	LC
117	扇尾沙锥	Common Snipe	*Gallinago gallinago*	—	LC
118	针尾沙锥	Pin-tailed Snipe	*Gallinago stenura*	—	LC
119	大沙锥	Swinhoe's Snipe	*Gallinago megala*	—	LC
120	黑尾塍鹬	Black-tailed Godwit	*Limosa limosa*	—	NT
121	斑尾塍鹬	Bar-tailed Godwit	*Limosa lapponica*	—	LC
122	小杓鹬	Little Curlew	*Numenius minutus*	国 II	LC
123	中杓鹬	Whimbrel	*Numenius phaeopus*	—	LC
124	大杓鹬	Eastern Curlew	*Numenius madagascariensis*	—	EN
125	白腰杓鹬	Eurasian Curlew	*Numenius arquata*	—	NT
126	鹤鹬	Spotted Redshank	*Tringa erythropus*	—	LC

序号	中文名	英文名	拉丁名	国家保护级别	IUCN红色名录
127	红脚鹬	Common Redshank	*Tringa totanus*	—	LC
128	泽鹬	Marsh Sandpiper	*Tringa stagnatilis*	—	LC
129	青脚鹬	Common Greenshank	*Tringa nebularia*	—	LC
130	白腰草鹬	Green Sandpiper	*Tringa ochropus*	—	LC
131	林鹬	Wood Sandpiper	*Tringa glareola*	—	LC
132	翘嘴鹬	Terek Sandpiper	*Xenus cinereus*	—	LC
133	矶鹬	Common Sandpiper	*Actitis hypoleucos*	—	LC
134	灰尾漂鹬	Grey-tailed Tattler	*Tringa brevipes*	—	LC
135	翻石鹬	Ruddy Turnstone	*Arenaria interpres*	—	LC
136	长嘴鹬	Long-billed Dowitcher	*Limnodromus scolopaceus*	—	LC
137	半蹼鹬	Asian Dowitcher	*Limnodromus semipalmatus*	—	NT
138	大滨鹬	Great Knot	*Calidris tenuirostris*	—	EN
139	红腹滨鹬	Red Knot	*Calidris canutus*	—	NT
140	三趾滨鹬	Sanderling	*Calidris alba*	—	LC
141	红颈滨鹬	Red-necked Stint	*Calidris ruficollis*	—	NT
142	小滨鹬	Little Stint	*Calidris minuta*	—	LC
143	青脚滨鹬	Temminck's Stint	*Calidris temminckii*	—	LC
144	长趾滨鹬	Long-toed Stint	*Calidris subminuta*	—	LC
145	尖尾滨鹬	Sharp-tailed Sandpiper	*Calidris acuminata*	—	LC
146	黑腹滨鹬	Dunlin	*Calidris alpina*	—	LC
147	弯嘴滨鹬	Curlew Sandpiper	*Calidris ferruginea*	—	NT
148	阔嘴鹬	Broad-billed Sandpiper	*Calidris falcinellus*	—	LC
149	流苏鹬	Ruff	*Calidris pugnax*	—	LC
150	红颈瓣蹼鹬	Red-necked Phalarope	*Phalaropus lobatus*	—	LC

序号	中文名	英文名	拉丁名	国家保护级别	IUCN红色名录
鸻形目 CHARADRIIFORMES　　燕鸻科 Glareolidae					
151	普通燕鸻	Oriental Pratincole	*Glareola maldivarum*	—	LC
鸻形目 CHARADRIIFORMES　　彩鹬科 Rostratulidae					
152	彩鹬	Greater Painted Snipe	*Rostratula benghalensis*	—	LC
鸻形目 CHARADRIIFORMES　　三趾鹑科 Turnicidae					
153	黄脚三趾鹑	Yellow-legged Buttonquail	*Turnix tanki*	—	LC
鸻形目 CHARADRIIFORMES　　鸥科 Laridae					
154	黑尾鸥	Black-tailed Gull	*Larus crassirostris*	—	LC
155	海鸥	Mew Gull	*Larus canus*	—	LC
156	乌灰银鸥	Heuglin's Gull	*Larus heuglini*	—	LC
157	蒙古银鸥	Mongolian Gull	*Larus mongolicus*	—	LC
158	西伯利亚银鸥	Vega Gull	*Larus vegae*	—	LC
159	渔鸥	Pallas's Gull	*Ichthyaetus ichthyaetus*	—	LC
160	红嘴鸥	Black-headed Gull	*Chroicocephalus ridibundus*	—	LC
161	黑嘴鸥	Saunders's Gull	*Chroicocephalus saundersi*	—	VU
162	鸥嘴噪鸥	Gull-billed Tern	*Gelochelidon nilotica*	—	LC
163	红嘴巨鸥	Caspian Tern	*Hydroprogne caspia*	—	LC
164	大凤头燕鸥	Greater Crested Tern	*Thalasseus bergii*	—	LC
165	粉红燕鸥	Roseate Tern	*Sterna dougallii*	—	LC
166	普通燕鸥	Common Tern	*Sterna hirundo*	—	LC
167	白额燕鸥	Little Tern	*Sternula albifrons*	—	LC
168	乌燕鸥	Sooty Tern	*Onychoprion fuscatus*	—	LC
169	须浮鸥	Whiskered Tern	*Chlidonias hybrida*	—	LC
170	白翅浮鸥	White-winged Tern	*Chlidonias leucopterus*	—	LC

序号	中文名	英文名	拉丁名	国家保护级别	IUCN红色名录
171	白顶玄燕鸥	Brown Noddy	*Anous stolidus*	—	LC
鸽形目 COLUMBIFORMES　　鸠鸽科 Columbidae					
172	珠颈斑鸠	Spotted Dove	*Spilopelia chinensis*	—	LC
173	山斑鸠	Oriental Turtle Dove	*Streptopelia orientalis*	—	LC
174	火斑鸠	Red Turtle Dove	*Streptopelia tranquebarica*	—	LC
鹃形目 CORACIIFORMES　　杜鹃科 Cuculidae					
175	红翅凤头鹃	Chestnut-winged Cuckoo	*Clamator coromandus*	—	LC
176	鹰鹃	Large Hawk-Cuckoo	*Hierococcyx sparverioides*	—	LC
177	北鹰鹃	Northern Hawk-Cuckoo	*Hierococcyx hyperythrus*	—	LC
178	大杜鹃	Common Cuckoo	*Cuculus canorus*	—	LC
179	北方中杜鹃	Oriental Cuckoo	*Cuculus optatus*	—	NR
180	小杜鹃	Asian Lesser Cuckoo	*Cuculus poliocephalus*	—	LC
181	四声杜鹃	Indian Cuckoo	*Cuculus micropterus*	—	LC
182	噪鹃	Asian Koel	*Eudynamys scolopaceus*	—	LC
183	小鸦鹃	Lesser Coucal	*Centropus bengalensis*	国 II	LC
鸮形目 STRIGIFORMES　　草鸮科 Tytonidae					
184	草鸮	Eastern Grass Owl	*Tyto longimembris*	国 II	LC
鸮形目 STRIGIFORMES　　鸱鸮科 Strigidae					
185	红角鸮	Oriental Scops Owl	*Otus sunia*	国 II	LC
186	领角鸮	Collared Scops Owl	*Otus lettia*	国 II	LC
187	纵纹腹小鸮	Little Owl	*Athene noctua*	国 II	LC
188	北鹰鸮	Northern Boobook	*Ninox japonica*	国 II	LC
189	短耳鸮	Short-eared Owl	*Asio flammeus*	国 II	LC
190	长耳鸮	Long-eared Owl	*Asio otus*	国 II	LC

序号	中文名	英文名	拉丁名	国家保护级别	IUCN红色名录
夜鹰目 CAPRIMULGIFORMES 夜鹰科 Caprimulgidae					
191	普通夜鹰	Grey Nightjar	*Caprimulgus jotaka*	—	LC
雨燕目 APODIFORMES 雨燕科 Apodidae					
192	短嘴金丝燕	Himalayan Swiftlet	*Aerodramus brevirostris*	—	LC
193	戈氏金丝燕	Germain's Swiftlet	*Aerodramus germani*	—	LC
194	白喉针尾雨燕	White-throated Needletail	*Hirundapus caudacutus*	—	LC
195	灰喉针尾雨燕	Silver-backed Needletail	*Hirundapus cochinchinensis*	国 II	LC
196	普通楼燕	Common Swift	*Apus apus*	—	LC
197	白腰雨燕	Pacific Swift	*Apus pacificus*	—	LC
198	小白腰雨燕	House Swift	*Apus nipalensis*	—	LC
佛法僧目 CORACIIFORMES 翠鸟科 Alcedinidae					
199	普通翠鸟	Common Kingfisher	*Alcedo atthis*	—	LC
200	白胸翡翠	White-throated Kingfisher	*Halcyon smyrnensis*	—	LC
201	蓝翡翠	Black-capped Kingfisher	*Halcyon pileata*	—	LC
202	斑鱼狗	Pied Kingfisher	*Ceryle rudis*	—	LC
佛法僧目 CORACIIFORMES 佛法僧科 Coraciidae					
203	三宝鸟	Oriental Dollarbird	*Eurystomus orientalis*	—	LC
佛法僧目 CORACIIFORMES 蜂虎科 Meropidae					
204	蓝喉蜂虎	Blue-throated Bee-eater	*Merops viridis*	—	LC
犀鸟目 BUCEROTIFORMES 戴胜科 Upupidae					
205	戴胜	Common Hoopoe	*Upupa epops*	—	LC
啄木鸟目 PICIFORMES 啄木鸟科 Picidae					
206	蚁䴕	Eurasian Wryneck	*Jynx torquilla*	—	LC

序号	中文名	英文名	拉丁名	国家保护级别	IUCN红色名录
207	斑姬啄木鸟	Speckled Piculet	*Picumnus innominatus*	—	LC
208	棕腹啄木鸟	Rufous-bellied Woodpecker	*Dendrocopos hyperythrus*	—	LC
209	大斑啄木鸟	Great Spotted Woodpecker	*Dendrocopos major*	—	LC
雀形目 PASSERIFORMES　八色鸫科 Pittidae					
210	仙八色鸫	Fairy Pitta	*Pitta nympha*	国 II	VU
雀形目 PASSERIFORMES　鹃鵙科 Campephagidae					
211	暗灰鹃鵙	Black-winged Cuckooshrike	*Lalage melaschistos*	—	LC
212	小灰山椒鸟	Swinhoe's Minivet	*Pericrocotus cantonensis*	—	LC
213	灰山椒鸟	Ashy Minivet	*Pericrocotus divaricatus*	—	LC
214	灰喉山椒鸟	Grey-chinned Minivet	*Pericrocotus solaris*	—	LC
215	赤红山椒鸟	Scarlet Minivet	*Pericrocotus speciosus*	—	LC
雀形目 PASSERIFORMES　伯劳科 Laniidae					
216	棕背伯劳	Long-tailed Shrike	*Lanius schach*	—	LC
217	红尾伯劳	Brown Shrike	*Lanius cristatus*	—	LC
218	牛头伯劳	Bull-headed Shrike	*Lanius bucephalus*	—	LC
219	虎纹伯劳	Tiger Shrike	*Lanius tigrinus*	—	LC
220	楔尾伯劳	Chinese Grey Shrike	*Lanius sphenocercus*	—	LC
雀形目 PASSERIFORMES　黄鹂科 Oriolidae					
221	黑枕黄鹂	Black-naped Oriole	*Oriolus chinensis*	—	LC
雀形目 PASSERIFORMES　卷尾科 Dicruridae					
222	黑卷尾	Black Drongo	*Dicrurus macrocercus*	—	LC
223	灰卷尾	Ashy Drongo	*Dicrurus leucophaeus*	—	LC
224	发冠卷尾	Hair-crested Drongo	*Dicrurus hottentottus*	—	LC

序号	中文名	英文名	拉丁名	国家保护级别	IUCN红色名录
雀形目 PASSERIFORMES 王鹟科 Monarchidae					
225	紫寿带	Japanese Paradise-flycatcher	*Terpsiphone atrocaudata*	—	NT
226	寿带	Amur Paradise Flycatcher	*Terpsiphone incei*	—	LC
雀形目 PASSERIFORMES 鸦科 Corvidae					
227	松鸦	Eurasian Jay	*Garrulus glandarius*	—	LC
228	红嘴蓝鹊	Red-billed Blue Magpie	*Urocissa erythroryncha*	—	LC
229	喜鹊	Oriental Magpie	*Pica serica*	—	LC
230	灰喜鹊	Azure-winged Magpie	*Cyanopica cyanus*	—	LC
231	灰树鹊	Grey Treepie	*Dendrocitta formosae*	—	LC
232	秃鼻乌鸦	Rook	*Corvus frugilegus*	—	LC
233	小嘴乌鸦	Carrion Crow	*Corvus corone*	—	LC
234	大嘴乌鸦	Large-billed Crow	*Corvus macrorhynchos*	—	LC
235	达乌里寒鸦	Daurian Jackdaw	*Coloeus dauuricus*	—	LC
236	白颈鸦	Collared Crow	*Corvus torquatus*	—	LC
雀形目 PASSERIFORMES 太平鸟科 Bombycillidae					
237	太平鸟	Bohemian Waxwing	*Bombycilla garrulus*	—	LC
238	小太平鸟	Japanese Waxwing	*Bombycilla japonica*	—	NT
雀形目 PASSERIFORMES 方尾鹟科 Stenostiridae					
239	方尾鹟	Grey-headed Canary Flycatcher	*Culicicapa ceylonensis*	—	LC
雀形目 PASSERIFORMES 山雀科 Paridae					
240	远东山雀	Japanese Tit	*Parus minor*	—	NR
241	黄腹山雀	Yellow-bellied Tit	*Pardaliparus venustulus*	—	LC
242	杂色山雀	Varied Tit	*Sittiparus varius*	—	LC

序号	中文名	英文名	拉丁名	国家保护级别	IUCN红色名录
雀形目 PASSERIFORMES　攀雀科 Remizidae					
243	中华攀雀	Chinese Penduline Tit	*Remiz consobrinus*	—	LC
雀形目 PASSERIFORMES　鹎科 Pycnonotidae					
244	白头鹎	Light-vented Bulbul	*Pycnonotus sinensis*	—	LC
245	黄臀鹎	Brown-breasted Bulbul	*Pycnonotus xanthorrhous*	—	LC
246	领雀嘴鹎	Collared Finchbill	*Spizixos semitorques*	—	LC
247	栗背短脚鹎	Chestnut Bulbul	*Hemixos castanonotus*	—	LC
248	绿翅短脚鹎	Mountain Bulbul	*Ixos mcclellandii*	—	LC
249	黑短脚鹎	Black Bulbul	*Hypsipetes leucocephalus*	—	LC
雀形目 PASSERIFORMES　戴菊科 Regulidae					
250	戴菊	Goldcrest	*Regulus regulus*	—	LC
雀形目 PASSERIFORMES　树莺科 Cettiidae					
251	鳞头树莺	Asian Stubtail	*Urosphena squameiceps*	—	LC
252	强脚树莺	Brownish-flanked Bush Warbler	*Horornis fortipes*	—	LC
253	远东树莺	Manchurian Bush Warbler	*Horornis canturians*	—	LC
254	棕脸鹟莺	Rufous-faced Warbler	*Abroscopus albogularis*	—	LC
雀形目 PASSERIFORMES　柳莺科 Phylloscopidae					
255	褐柳莺	Dusky Warbler	*Phylloscopus fuscatus*	—	LC
256	巨嘴柳莺	Radde's Warbler	*Phylloscopus schwarzi*	—	LC
257	黄腰柳莺	Pallas's Leaf Warbler	*Phylloscopus proregulus*	—	LC
258	黄眉柳莺	Yellow-browed Warbler	*Phylloscopus inornatus*	—	LC
259	堪察加柳莺	Kamchatka Leaf Warbler	*Phylloscopus examinandus*	—	LC
260	极北柳莺	Arctic Warbler	*Phylloscopus borealis*	—	LC

序号	中文名	英文名	拉丁名	国家保护级别	IUCN红色名录
261	双斑绿柳莺	Two-barred Warbler	*Phylloscopus plumbeitarsus*	—	LC
262	淡脚柳莺	Pale-legged Warbler	*Phylloscopus tenellipes*	—	LC
263	冕柳莺	Eastern Crowned Warbler	*Phylloscopus coronatus*	—	LC
264	冠纹柳莺	Claudia's Leaf Warbler	*Phylloscopus claudiae*	—	LC
265	黑眉柳莺	Sulphur-breasted Warbler	*Phylloscopus ricketti*	—	LC
266	栗头鹟莺	Chestnut-crowned Warbler	*Phylloscopus castaniceps*	—	LC
	雀形目 PASSERIFORMES		**苇莺科 Acrocephalidae**		
267	黑眉苇莺	Black-browed Reed Warbler	*Acrocephalus bistrigiceps*	—	LC
268	东方大苇莺	Oriental Reed Warbler	*Acrocephalus orientalis*	—	LC
269	厚嘴苇莺	Thick-billed Warbler	*Arundinax aedon*	—	LC
	雀形目 PASSERIFORMES		**蝗莺科 Locustellidae**		
270	矛斑蝗莺	Lanceolated Warbler	*Locustella lanceolata*	—	LC
271	北蝗莺	Middendorff's Grasshopper Warbler	*Helopsaltes ochotensis*	—	LC
272	斑背大尾莺	Marsh Grassbird	*Helopsaltes pryeri*	—	NT
	雀形目 PASSERIFORMES		**扇尾莺科 Cisticolidae**		
273	棕扇尾莺	Zitting Cisticola	*Cisticola juncidis*	—	LC
274	纯色山鹪莺	Plain Prinia	*Prinia inornata*	—	LC
	雀形目 PASSERIFORMES		**莺鹛科 Sylviidae**		
275	棕头鸦雀	Vinous-throated Parrotbill	*Sinosuthora webbiana*	—	LC
276	灰头鸦雀	Grey-headed Parrotbill	*Psittiparus gularis*	—	LC
277	震旦鸦雀	Reed Parrotbill	*Paradoxornis heudei*	—	NT

序号	中文名	英文名	拉丁名	国家保护级别	IUCN红色名录
雀形目 PASSERIFORMES 绣眼鸟科 Zosteropidae					
278	暗绿绣眼鸟	Swinhoe's White-eye	*Zosterops simplex*	—	LC
279	红胁绣眼鸟	Chestnut-flanked White-eye	*Zosterops erythropleurus*	—	LC
280	栗颈凤鹛	Chestnut-collared Yuhina	*Yuhina torqueola*	—	LC
雀形目 PASSERIFORMES 噪鹛科 Leiothrichidae					
281	黑脸噪鹛	Masked Laughingthrush	*Pterorhinus perspicillatus*	—	LC
282	黑领噪鹛	Greater Necklaced Laughingthrush	*Pterorhinus pectoralis*	—	LC
283	画眉	Hwamei	*Garrulax canorus*	—	LC
284	红嘴相思鸟	Red-billed Leiothrix	*Leiothrix lutea*	—	LC
雀形目 PASSERIFORMES 长尾山雀科 Aegithalidae					
285	银喉长尾山雀	Silver-throated Bushtit	*Aegithalos glaucogularis*	—	LC
286	红头长尾山雀	Black-throated Bushtit	*Aegithalos concinnus*	—	LC
雀形目 PASSERIFORMES 燕科 Hirundinidae					
287	崖沙燕	Sand Martin	*Riparia riparia*	—	LC
288	家燕	Barn Swallow	*Hirundo rustica*	—	LC
289	金腰燕	Red-rumped Swallow	*Cecropis daurica*	—	LC
290	烟腹毛脚燕	Asian House Martin	*Delichon dasypus*	—	LC
291	白腹毛脚燕	Northern House Martin	*Delichon urbicum*	—	LC
雀形目 PASSERIFORMES 鹟科 Muscicapidae					
292	白喉矶鸫	White-throated Rock Thrush	*Monticola gularis*	—	LC
293	蓝矶鸫	Blue Rock Thrush	*Monticola solitarius*	—	LC
294	白喉林鹟	Brown-chested Jungle Flycatcher	*Cyornis brunneatus*	—	VU

序号	中文名	英文名	拉丁名	国家保护级别	IUCN红色名录
295	灰纹鹟	Grey-streaked Flycatcher	*Muscicapa griseisticta*	—	LC
296	乌鹟	Dark-sided Flycatcher	*Muscicapa sibirica*	—	LC
297	北灰鹟	Asian Brown Flycatcher	*Muscicapa dauurica*	—	LC
298	褐胸鹟	Brown-breasted Flycatcher	*Muscicapa muttui*	—	LC
299	白眉姬鹟	Yellow-rumped Flycatcher	*Ficedula zanthopygia*	—	LC
300	黄眉姬鹟	Narcissus Flycatcher	*Ficedula narcissina*	—	LC
301	鸲姬鹟	Mugimaki Flycatcher	*Ficedula mugimaki*	—	LC
302	红喉姬鹟	Taiga Flycatcher	*Ficedula albicilla*	—	LC
303	红胸姬鹟	Red-breasted Flycatcher	*Ficedula parva*	—	LC
304	白腹蓝鹟	Blue-and-white Flycatcher	*Cyanoptila cyanomelana*	—	LC
305	铜蓝鹟	Verditer Flycatcher	*Eumyias thalassinus*	—	LC
306	小仙鹟	Small Niltava	*Niltava macgrigoriae*	—	LC
307	日本歌鸲	Japanese Robin	*Larvivora akahige*	—	LC
308	红尾歌鸲	Rufous-tailed Robin	*Larvivora sibilans*	—	LC
309	红喉歌鸲	Siberian Rubythroat	*Calliope calliope*	—	LC
310	蓝喉歌鸲	Bluethroat	*Luscinia svecica*	—	LC
311	蓝歌鸲	Siberian Blue Robin	*Larvivora cyane*	—	LC
312	红胁蓝尾鸲	Orange-flanked Bluetail	*Tarsiger cyanurus*	—	LC
313	北红尾鸲	Daurian Redstart	*Phoenicurus auroreus*	—	LC
314	鹊鸲	Oriental Magpie Robin	*Copsychus saularis*	—	LC
315	赭红尾鸲	Black Redstart	*Phoenicurus ochruros*	—	LC
316	东亚石䳭	Stejneger's Stonechat	*Saxicola stejnegeri*	—	NR
雀形目 PASSERIFORMES 鸫科 Turdidae					
317	橙头地鸫	Orange-headed Thrush	*Geokichla citrina*	—	LC

序号	中文名	英文名	拉丁名	国家保护级别	IUCN红色名录
318	白眉地鸫	Siberian Thrush	*Geokichla sibirica*	—	LC
319	怀氏虎鸫	White's Thrush	*Zoothera aurea*	—	LC
320	乌鸫	Chinese Blackbird	*Turdus mandarinus*	—	LC
321	灰背鸫	Grey-backed Thrush	*Turdus hortulorum*	—	LC
322	乌灰鸫	Japanese Thrush	*Turdus cardis*	—	LC
323	白眉鸫	Eyebrowed Thrush	*Turdus obscurus*	—	LC
324	白腹鸫	Pale Thrush	*Turdus pallidus*	—	LC
325	斑鸫	Dusky Thrush	*Turdus eunomus*	—	LC
326	红尾鸫	Naumann's Thrush	*Turdus naumanni*	—	LC
327	赤颈鸫	Red-throated Thrush	*Turdus ruficollis*	—	LC
328	宝兴歌鸫	Chinese Thrush	*Turdus mupinensis*	—	LC
雀形目 PASSERIFORMES 椋鸟科 Sturnidae					
329	八哥	Crested Myna	*Acridotheres cristatellus*	—	LC
330	灰椋鸟	White-cheeked Starling	*Spodiopsar cineraceus*	—	LC
331	丝光椋鸟	Red-billed Starling	*Spodiopsar sericeus*	—	LC
332	黑领椋鸟	Black-collared Starling	*Gracupica nigricollis*	—	LC
333	紫翅椋鸟	Common Starling	*Sturnus vulgaris*	—	LC
334	北椋鸟	Daurian Starling	*Agropsar sturninus*	—	LC
335	灰背椋鸟	White-shouldered Starling	*Sturnia sinensis*	—	LC
雀形目 PASSERIFORMES 百灵科 Alaudidae					
336	云雀	Eurasian Skylark	*Alauda arvensis*	—	LC
337	小云雀	Oriental Skylark	*Alauda gulgula*	—	LC
雀形目 PASSERIFORMES 鹡鸰科 Motacillidae					
338	白鹡鸰	White Wagtail	*Motacilla alba*	—	LC
339	灰鹡鸰	Grey Wagtail	*Motacilla cinerea*	—	LC

序号	中文名	英文名	拉丁名	国家保护级别	IUCN红色名录
340	黄鹡鸰	Eastern Yellow Wagtail	*Motacilla tschutschensis*	—	LC
341	山鹡鸰	Forest Wagtail	*Dendronanthus indicus*	—	LC
342	黄头鹡鸰	Citrine Wagtail	*Motacilla citreola*	—	LC
343	树鹨	Olive-backed Pipit	*Anthus hodgsoni*	—	LC
344	理氏鹨	Richard's Pipit	*Anthus richardi*	—	LC
345	水鹨	Water Pipit	*Anthus spinoletta*	—	LC
346	黄腹鹨	Buff-bellied Pipit	*Anthus rubescens*	—	LC
347	红喉鹨	Red-throated Pipit	*Anthus cervinus*	—	LC
348	北鹨	Pechora Pipit	*Anthus gustavi*	—	LC
雀形目 PASSERIFORMES			雀科 Passeridae		
349	麻雀	Eurasian Tree Sparrow	*Passer montanus*		LC
350	山麻雀	Russet Sparrow	*Passer cinnamomeus*		LC
雀形目 PASSERIFORMES			梅花雀科 Estrildidae		
351	白腰文鸟	White-rumped Munia	*Lonchura striata*		LC
352	斑文鸟	Scaly-breasted Munia	*Lonchura punctulata*		LC
雀形目 PASSERIFORMES			燕雀科 Fringillidae		
353	燕雀	Brambling	*Fringilla montifringilla*	—	LC
354	金翅雀	Grey-capped Greenfinch	*Chloris sinica*	—	LC
355	黄雀	Eurasian Siskin	*Spinus spinus*	—	LC
356	普通朱雀	Common Rosefinch	*Carpodacus erythrinus*	—	LC
357	红交嘴雀	Red Crossbill	*Loxia curvirostra*	—	LC
358	锡嘴雀	Hawfinch	*Coccothraustes coccothraustes*	—	LC
359	黑尾蜡嘴雀	Chinese Grosbeak	*Eophona migratoria*	—	LC
360	黑头蜡嘴雀	Japanese Grosbeak	*Eophona personata*	—	LC

序号	中文名	英文名	拉丁名	国家保护级别	IUCN红色名录
雀形目 PASSERIFORMES　鹀科 Emberizidae					
361	灰头鹀	Black-faced Bunting	*Emberiza spodocephala*	—	LC
362	田鹀	Rustic Bunting	*Emberiza rustica*	—	VU
363	黄喉鹀	Yellow-throated Bunting	*Emberiza elegans*	—	LC
364	黄眉鹀	Yellow-browed Bunting	*Emberiza chrysophrys*	—	LC
365	白眉鹀	Tristram's Bunting	*Emberiza tristrami*	—	LC
366	栗耳鹀	Chestnut-eared Bunting	*Emberiza fucata*	—	LC
367	小鹀	Little Bunting	*Emberiza pusilla*	—	LC
368	三道眉草鹀	Meadow Bunting	*Emberiza cioides*	—	LC
369	栗鹀	Chestnut Bunting	*Emberiza rutila*	—	LC
370	黄胸鹀	Yellow-breasted Bunting	*Emberiza aureola*	—	CR
371	苇鹀	Pallas's Bunting	*Emberiza pallasi*	—	LC
372	芦鹀	Reed Bunting	*Emberiza schoeniclus*	—	LC
373	红颈苇鹀	Ochre-rumped Bunting	*Emberiza yessoensis*	—	NT
374	硫磺鹀	Yellow Bunting	*Emberiza sulphurata*	—	VU

注：国家保护级别中，"国 I"表示国家一级保护野生动物；"国 II"表示国家二级保护野生动物。IUCN 红色名录为《世界自然保护联盟濒危物种红色名录》，其中，"CR"表示极危；"EN"表示濒危；"VU"表示易危；"NT"表示近危："LC"表示"无危"；"NR"表示未认可。